「ほめちぎる教習所」のやる気の育て方

上司のイライラを消し、部下の折れない心を育てる

南部自動車学校
加藤光一［著］　坪田信貴［監修］

KADOKAWA

「ほめる」だけで、いろいろな仕事の悩みが消える。
そう言ったら、あなたは信じますか？

そんな都合のいいことが、ほめるくらいで起これば苦労はないよ。
あなたはそう思うかもしれません。
苦労をたくさんしている人ほど、強くそう思うのではないでしょうか。

でも、それは本当に起こったのです。
奇跡でもなんでもなく、ただみんなで「ほめる」ことで、
生徒だけでなく、指導員が、そして会社全体が幸せになった教習所があるのです。
三重県の南部自動車学校。そこが本書の舞台です。

教習所は怖いところ。怒られるところ。
今でもそういうイメージを持っている方はたくさんいらっしゃいます。
「教習所が楽しかった」という人は、ほとんどいないのではないでしょうか？

「何やってるんだ！」

「そんなこと、常識でしょ」

「どうして、言ったことができないの？」

「もっと真面目に頑張らないから、（お前は）ダメなんだ」


以前の当校も、厳しく指導するのが当たり前のことでした。

しかし、頑張れば頑張るほど、生徒はやる気をなくし、そしてまた叱るという悪循環。

そんな教習所が変われたきっかけが「ほめる」でした。

2013年から、「生徒をほめてほめて、ほめちぎる」という、世にも珍しい教習所に生まれ変わったのです。

それ以来、この少子化の時代に、生徒数は増加を続け、運転免許の合格率が上がり、何よりも嬉しいことに、卒業生の事故率が下がりました。


「ほめる」ことで良くなったのは生徒だけではありません。

生徒を指導する指導員たちのモチベーションが向上し、

イライラが減り、人間関係のストレスに苦しむ指導員が減りました。

ひいては、会社全体のパフォーマンスが劇的にアップしたのです。


50代、60代のベテランで〝怒る〟厳しい指導で有名だった指導員も大勢いましたが、今ではみんなほめる達人。生徒のやる気を上手に引き出しています。


「ちゃんと止まれて、すごいやん」

こんな些細《ささい》なことをほめるのか？　と思うような言葉ですよね。

バカみたいだと思うかもしれません。


でも、本書を読んだあとに、ぜひもう一度この言葉を読んでみてください。

この言葉の持つ力がわかるはずです。


人は、認められ、導かれたときに、最高の力を発揮すると私は信じています。

そして、教える側のメンタルマネジメントにも最適の方法です。

気づいたら部下や子供に、イライラしていませんか？
本当は、イライラしたくないのに、なかなかやる気を感じられないと、
ストレスが溜まっていませんか？

断言します。怒ることは逆効果にしかなりません。
相手のやる気を引き出し、あなたのイライラを手放す。
そして会社（チーム）の業績がアップする。
「ほめる」ことこそ、そんなすばらしいことが起こせるのです。

これはすべて、南部自動車学校で実際に起こったことばかりです。
そして、この本を手に取ってくださったあなたにも、必ず起こすことができます。

南部自動車学校を変えた「ほめる」力とノウハウで、
人を育てる喜びを伝えられると、望外の喜びです。

加藤光一

はじめに

「ほめちぎる教習所」という名前を聞いたことがありますか？

三重県の、ごく普通の自動車学校であった南部自動車学校は、2013年2月から「ほめちぎる教習所」としてリニューアルされました。以来、「生徒をほめてほめてほめちぎる」教習所として教習を行っています。

リニューアルを発表した当時は、たくさんの人から反対されました。

よその教習所の方々からは「やめたほうがいいよ」「うまくいきっこないよ」と忠告を受けましたし、卒業生や指導員OB、そして教習所の周辺の皆さんから「ほめるような甘い教え方では安全が守れない」「運転免許試験に合格できなくなる」「自動車運転は命がかかったもの、厳しく教えるべき」などとご意見をいただいたこともあります。

しかし、**指導に「ほめる」を取り入れて以来、生徒数は増加を続けています。**

少子高齢化や「若者の車離れ」が叫ばれ、運転免許を取る人の数は減少を続けているに

運転免許を取る人が年々減少

警視庁　運転免許統計より、全国指定教習所の卒業者数の推移

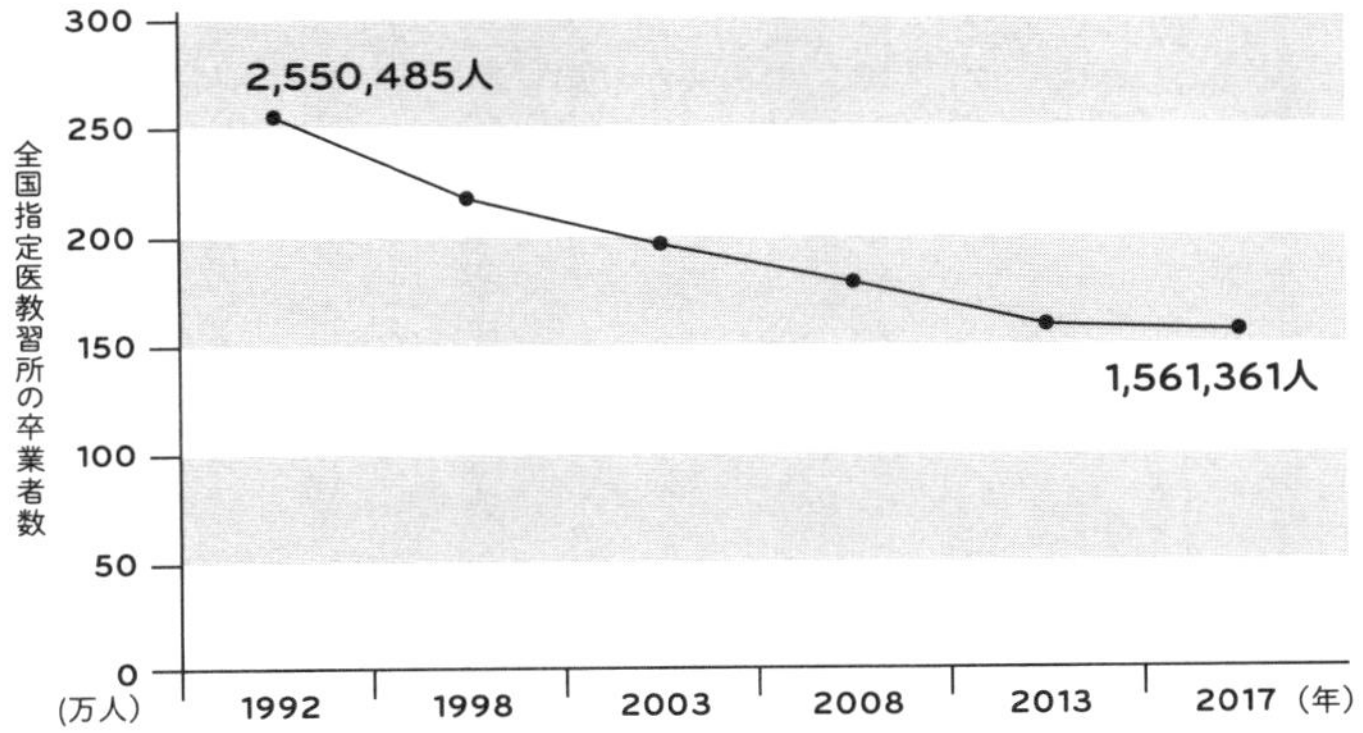

ほめる教習をスタートして生徒数が急増

南部自動車学校　普通車入校数推移(年別)

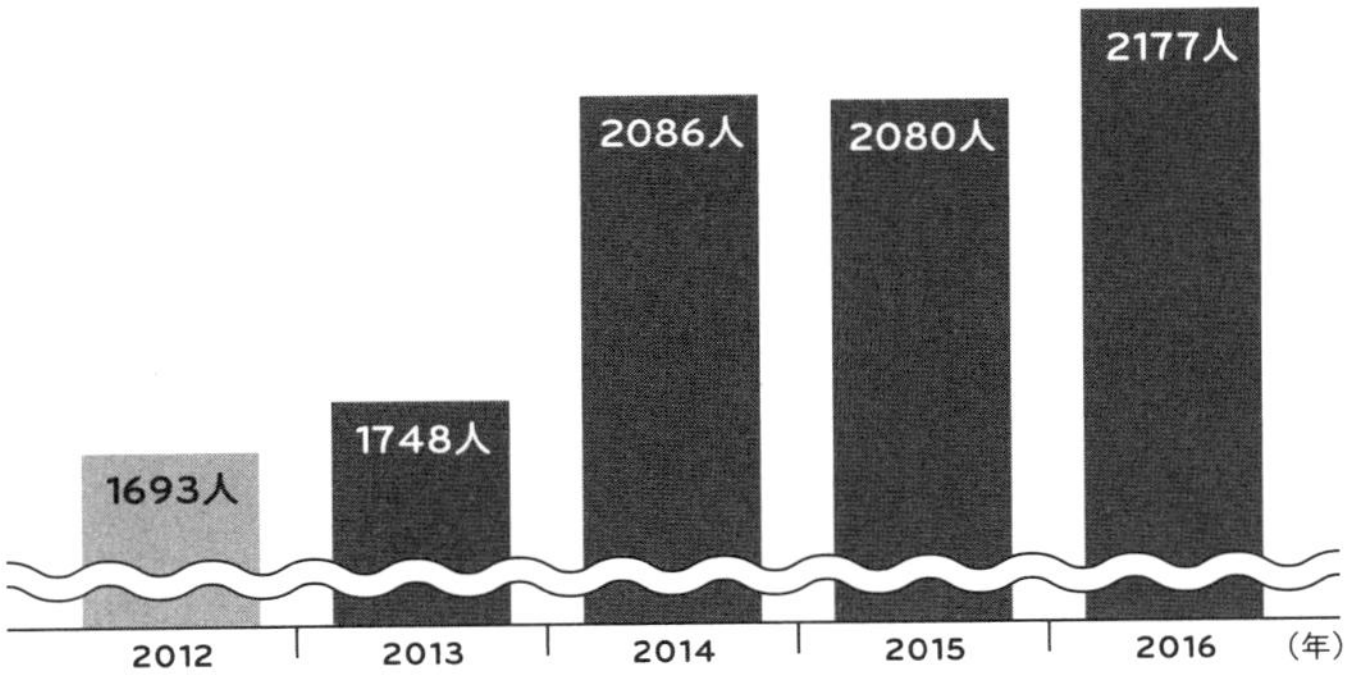

2013年2月より「ほめちぎる教習」を開始したところ、少子化で生徒数が減るダウントレンド市場にもかかわらず、生徒数が伸び続けている。

もかかわらず、生徒の数は増え続けています。

「ほめる」教習で成績が上がった！

さらに嬉しいことが起こりました。

まず、**免許の合格率が、「ほめる」教習をはじめて以来、年々向上したのです。2014年からの3年間だけでも、4・5%もアップしました。**

さらにうれしいことに、「ほめる」教習を実施してから**卒業生の事故率が半数近くにまで減少**しています。

ほめるだけでは生徒が真面目に学ぼうとしないのではないか、未熟な生徒が増えて事故率が上がるのではないか、と心配の声をいただいたこともあるのですが、実際は真逆のことが起きたのです。「ほめる」教習が優れた教え方であるということを数字で示せたことは、指導員たちにも大きな自信になりました。

南部自動車学校では「ほめちぎる教習所」をはじめる以前から、相手を思いやる心の運転、「共感運転」をモットーに教習を行っていましたが、「ほめる」教習を導入して、この

ほめる教習で合格率アップ

南部自動車学校 免許合格率

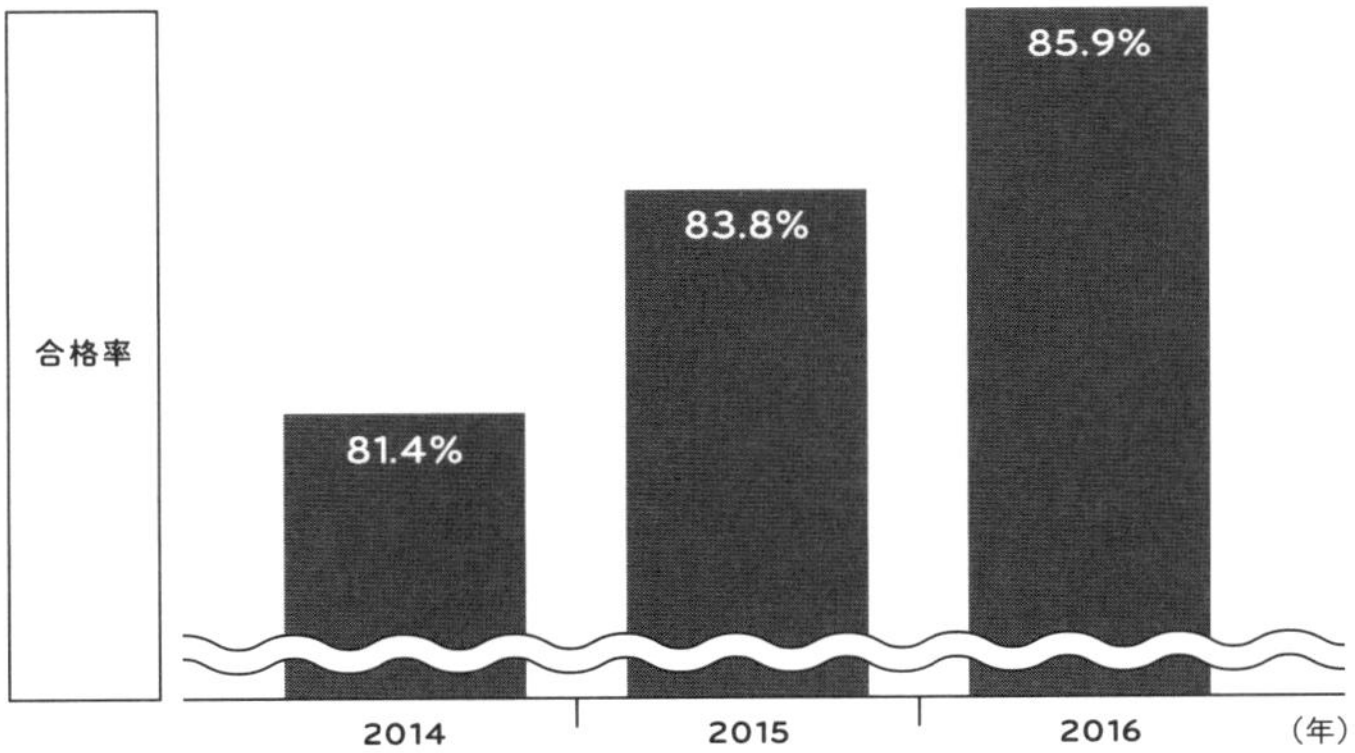

ほめる教習で事故率減

南部自動車学校卒業者の普通車事故率

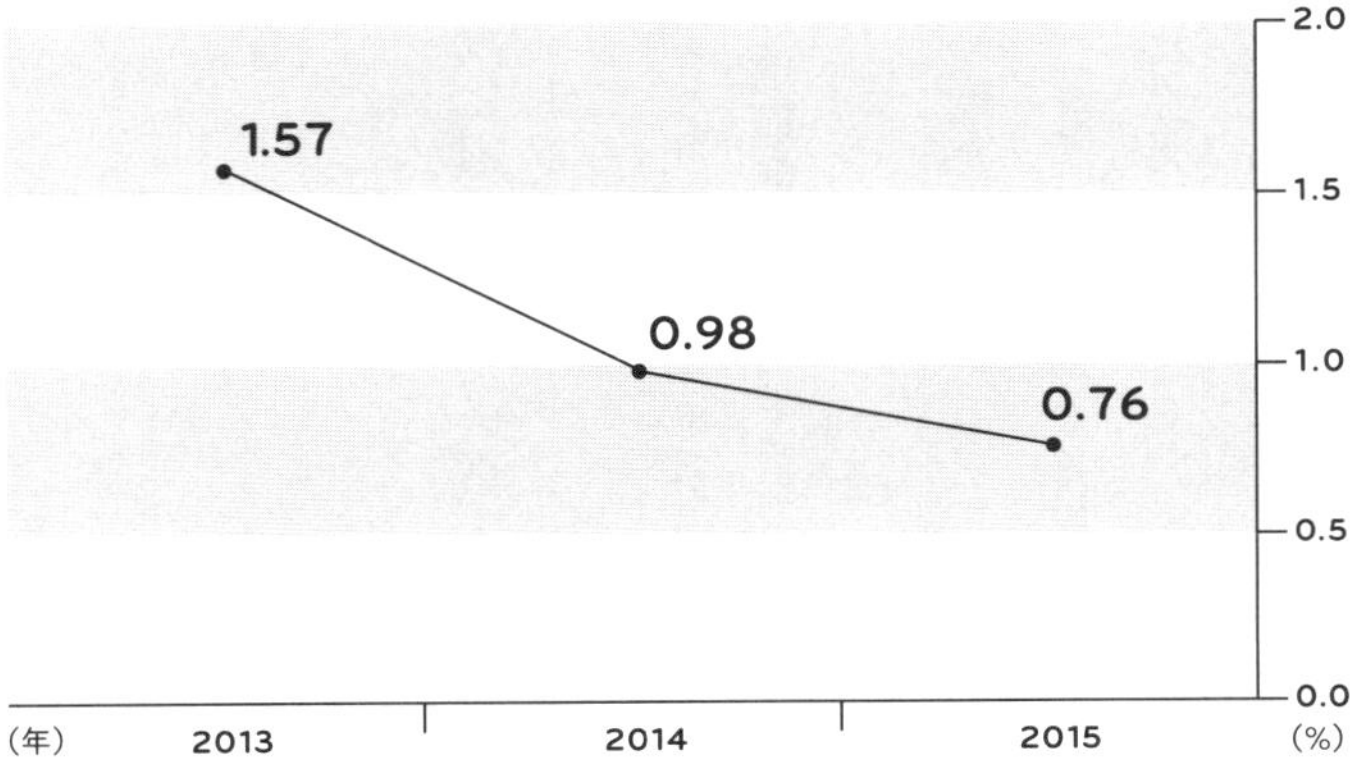

ほめることで、生徒の合格率が上がり、卒業生の事故率が減った。厳しく叱ることのほうが結果が出るという思い込みは、実績で覆された。

理想にさらに近づけたと手応えを感じています。

社員のモチベーションもアップした！

意外なことに、良い効果が表れたのは生徒たちだけではありませんでした。

「ほめる」メソッドに取り組むうちに、社員たちの仕事に取り組むモチベーションが向上してきたのです。

これまでは、悪い言い方をすれば教習を〝仕事〟と捉えて機械的に授業をこなす、という指導員もいたのですが、「ほめる」ことで生徒との信頼関係ができてくると、親身になった指導ができるようになったのです。

また、南部自動車学校では、年にひとつ大きな改革や変化を取り入れることを経営方針としていますが（「ほめる」もそのひとつでした）。物事にポジティブにあたる思考法が身についたためか、改革に積極的に取り組もうとする人が目に見えて増えました。

さらに、指導員の話し方や人との接し方が変わり、会社全体の雰囲気がやわらかく、あたたかいものになってきました。それまでは生徒となれ合うことなく、厳しく接しなければ

ほめるだけで社員のモチベーションが向上

①仕事に積極的に取り組む社員が増えた!
②会社全体の雰囲気が良くなった!

③仕事のストレスで心を病む指導員が減った!
④職員の離職率も減った!

実際に「ほめる」教習を始めると、生徒だけでなく、指導員側にもいい効果が続出。会社全体のパフォーマンスがアップした。

ばとギスギスした雰囲気すら感じられた教習所が、今ではたくさんの笑顔が見られるようになりました。

メンタルケアにも効果があったようで、**仕事のストレスで心を病んでしまう指導員も目に見えて少なくなりました。離職率も下がり、プライベートまでうまくいくようになった指導員が続出しています。**

このように、内外に良いことが波及的に起こるということを、新聞記事やテレビでも紹介していただいたおかげで、**最近では「ほめる」メソッドを導入したいという異業種の企業や、ＰＴＡ、大学、地元の主婦の方まで、多くの方が見学や研修に来ています。**

ＪＲ東海在来線の乗務員職場の社員さまや、横浜国際ホテル（現ホテル・ザ・ノット ヨコハマ）など、名だたる大企業からもお声をかけていただき、世の中の「ほめる」を求める声は大きくなっているんだなあ、と実感しています。

また、「ほめる」教習に共感していただいた各地の教習所が「ほめちぎる教習所」として教習をはじめています。２０１7年現在で、「ほめちぎる教習所」は全国に7校まで広がっ

自動車学校だけでなく、全国の企業・学校が注目

73校の自動車学校と

24の企業・自治体・大学が見学に来校。

小中学校、PTA、テレビなど**44**講演を実施

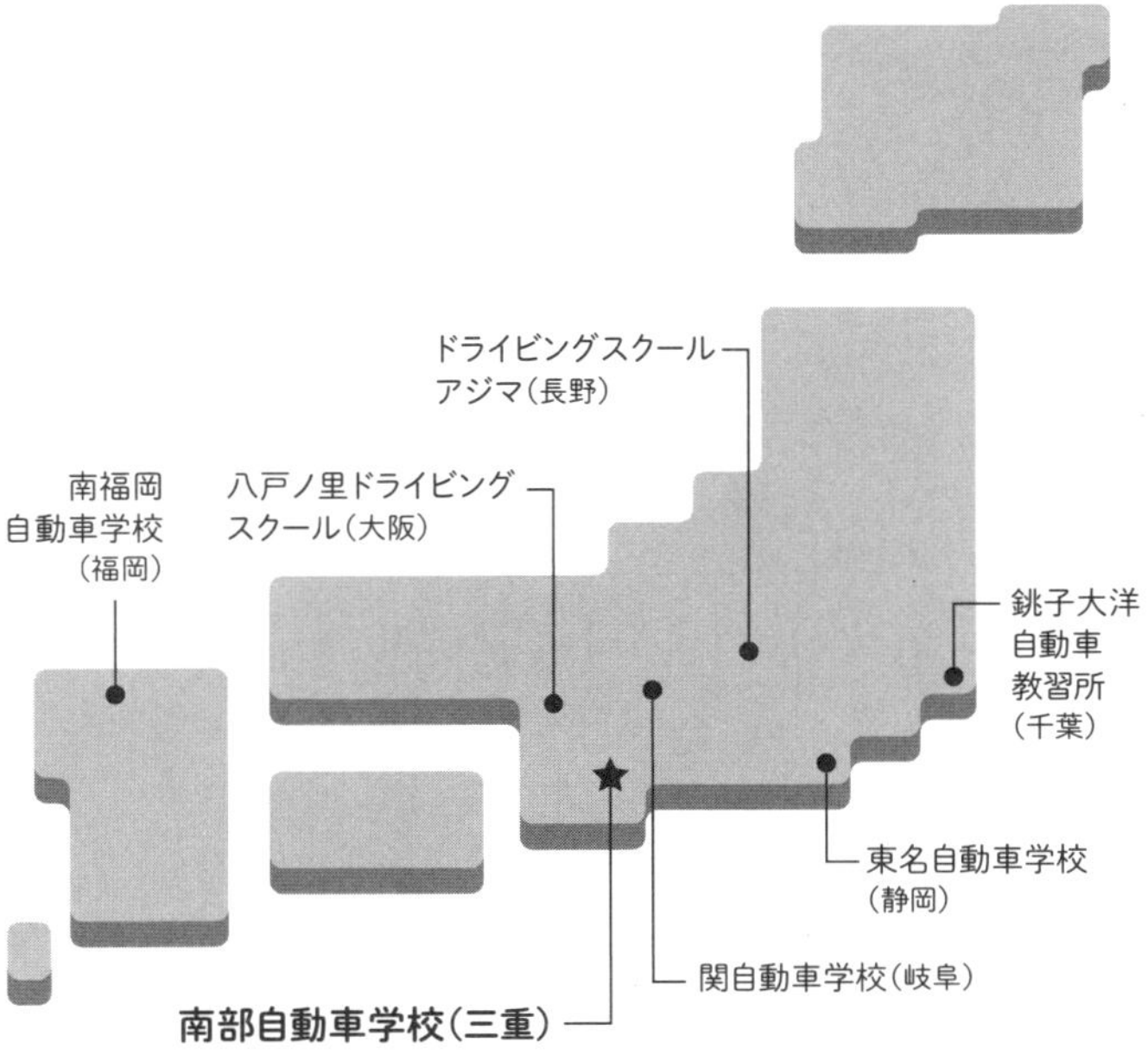

ほめちぎる教習所は全国に

ほめちぎる教習スタート後4年半（2013年～2017年9月まで）で、自動車学校だけでなく全国の企業、学校が注目し、見学に多数訪れ、講演にも引く手あまたに。

ており、多くの生徒たちに好感を持って迎えられています。

ここ1〜2年は、あちこちに講演に呼んでいただけるようにもなりました。企業や商工会議所、学校などさまざまなところからお声をかけていただいていますが、どこでも「子供や部下をどう指導したらよいか」「うまく人を育てるにはどうしたらいいか」と悩む声が聞かれます。また、学童期のお子さんを持つお母さんから「ついイライラ怒ってしまい、子供をほめることができません」というご相談をいただくことも多いです。

特に、**会社のマネジメント担当者や人事担当者からは「折れやすい、いまどきの若い人をどう育てたらよいかわからない」**と打ち明けられることが多くなりました。

若い人こそ、「ほめて伸ばす」が効果的

確かに、バブルが崩壊した後、年代で言うと2000年以降からは、生徒の反応が変わってきたなと実感しています（だからこそ、この「ほめる」教習をスタートしたのですが…詳しくは第1章をご覧ください）。

でも私には「いまどきの若者」がそうまで悪いとは思えません。

確かに「昔と違う」とは感じますが、それは若者自身の心や考え方の変化というよりも、時代の変化や環境の変化が大きいのではないかと感じています。

例えば、「辛《つら》くても我慢すれば、定年まで雇ってもらえる」という保障があった終身雇用制は半ば崩壊しています。「一生雇ってもらえるのだから多少の無理にも耐えるべき」といった働き方は、いつリストラされるかわからない今の時代でも通用するかといえば、なかなか難しいものがありそうです。

また、かつては「脱サラで頑張って一発逆転」という夢が語られていましたが、バブル崩壊以降、景気が後退してからは、そうした事例も減りました。

こうした社会の変化を背景に、給料がいいとか会社が大きいといった理由よりも、楽しい仕事、働きがいのある仕事を選ぶ人が増えています。

大金持ちや有名人になるといった、誰にでもわかりやすい「同じもの」を必死で競争しながら求めるよりも、それぞれが身近なところにある「幸せ」を求める時代。こうした価値観は、バブル崩壊という時代背景が生み出したもので、**「いまどきの若者」は時代に順**

応しているだけなのではないか、と思えるのです。

そして、そういう生き方をしようとしている若者たちに対して、これまでの価値観に沿った教え方をしてもうまくいかない、というのは当然のことのように感じられます。


私はかつて、アメリカの自動車学校を訪問した際、**教習は「ティーチング（教える）」ではなく、「コーチング（導き出す）」である**というスタンスを学びました。


「なんで頑張らないの」

「言ったことが、どうしてできないんだ」

こういう言葉がつい出てしまうときは「自分が正しい」と思っているときであり、まさにティーチングの感覚です。

コーチング、「導く教え方」はこれとは異なります。

コーチングでは、一方的に物事を教え込むのではなく、相手の人格を認め、できることを認めながら、相手が成長できるように導きます。

そして、これをうまく行うために、「ほめる」が役に立つのです。南部自動車学校でも、普段ほめられていない（であろう）生徒たちが、「ほめちぎられる」ことで、めきめきと変わります。

若い人こそ、ほめて伸ばすことが効く。私は心からそう思います。

経営学的にも明らかな「ほめる」の5つの効果

「ほめる」ことは相手を認めることです。

心理学的には、他人に認められることを承認といい、また「承認されたい」という願望を**承認欲求**と呼びます。現在、さまざまな研究から、承認欲求は人間のモチベーションを大きく左右する因子であることがわかっています。

おもしろいことに、**若い人のほうが承認の効果が大きい**という報告もあります『承認とモチベーション』（太田肇：著／同文舘出版）。若年層が上司に承認されると、自己効力感、モチベーション、評価・処遇への満足度、「職場で認められている」と感じる度合いなどに、はっきりと良い効果が表れるそうです。若い人にこそ「ほめる」が効く、というのも、こうした傾向が関係しているのかもしれません。

経営学的な研究からは、**組織の人間が仕事や行いを承認されていると、組織として、パ**

フォーマンス向上、モチベーションアップなどの5つの点が改善されることが明らかになっています。

ここで言う「仕事や行いの承認」とは、まさに「ほめる」にほかなりません。

うまく「ほめる」を活用できれば、商売がうまくいくようになり、会社で感じる仕事の悩みが減り、働く人の心を守ってくれるのです。

本当に「ほめる」だけでそんなことが起こるのか？

私の知らない、何か特別な「ほめ方」があるんじゃないか？

そう疑問を持たれるのももっともです。

実際、私も「ほめる」を実践するまでは、同じように疑っていました。

しかし、実際に「ほめる」を体験し、その成果を目《ま》の当たりにすることで、今では**「ほめる」が人の指導に大きな効果があること、「ほめる」側、指導する側にも大きな影響を与えること、**そして、**誰にでも導入できるものであること**を確信しています。

まずは、南部自動車学校がどのように「ほめる」を導入したのか。

そんな話からはじめましょう。

組織における承認の効果

①組織のパフォーマンス向上

所属部門の生産性や利益、安全性、顧客の評判を高める。

②モチベーションアップ

仕事の楽しさ、成長、自己実現、達成感などは、承認によってもたらされる。

③離職の抑制

承認の不足が不満や不安をもたらすことで、離職の原因となることがある。

④メンタルヘルス向上

他人から承認されることで、自己効力感が高まる。自己効力感の高い人はストレスが低く、うつや不安が少ないほか、燃え尽き症候群になりにくくなる。

⑤不祥事の抑制

職務的自尊心が高い人ほど組織的・個人的違反を犯しにくい。職務的自尊心は「仕事が人の役に立っている」「人に認められる」こと（=承認）で向上する。自分が価値ある人間だと認識すると、下劣な行動はとらなくなる。

承認がきちんと機能する職場では、各自が自ら考えて動きやすくなり、積極的な人材が育つ。南部自動車学校では若手職員だけでなくベテラン職員にも、非常に良い効果をもたらした（『承認とモチベーション』より作成）。

はじめに 006

「ほめる」教習で成績が上がった！ 008
社員のモチベーションもアップした！ 010
若い人こそ、「ほめて伸ばす」が効果的 014
経営学的にも明らかな「ほめる」の5つの効果 017

第1章

ダメ出しがやる気をつぶす

「叱る」教習所から「ほめる」教習所へ

昔の教習所は、バブルな体育会系 032
熱心な人ほど、厳しく怒ってしまう 033
「叱られ慣れていない若者」が増えている 035
成長を実感できる「仕組み」を作った、2つの理由 039

ほめられるだけで、脳はやる気を出す 042
「ドンマイ」より効く「ナイストライ！」 044
モチベーションの源は「承認」すること 048
日本人は、ほめるのが下手なのか？ 051
叱った後にアドバイスをしている人へ 053
ほめるだけで、すべてが変わった！ 055

解説 坪田's Advice

「叱る」は頭を使っていない指導法 060
怒りの正体は「相手が思いどおりにならない」こと 061
人にわかってもらうためには「532回」言う必要がある 063
自分の中の「常識」を疑おう 064
たった6秒で、怒りが消える 067

第2章

「ほめた側」にいいことが起こる

「ほめブロック」を外したらイライラが消えた

なぜあなたは人をほめられないのか？ 070
ほめるのがうまい人は「プレゼン力」も高い 073
1対1の対面で、相手をほめられますか？ 074
内面をほめて「ほめブロック」を外す 076
叱り続けて30年の、古い指導員も変わった！ 078
ポジティブワードがストレスを軽減する 080
ロールプレイングは「物ほめ」と「ほめシャワー」 081
社員同士の交流が増えたら、業績まで上がった 083
ほめ上手になると「生きるのがラクになる」 084
「ほめちぎる教習所」の先生はみんな「ほめる」達人 087

解説 坪田's Advice

「自分はほめることができない」という人へ 090
「ほめる」がうまくならない日本の教育システム 091
相手が「素直じゃない」なら、それはあなたのせい 093
変えるべきは相手ではなく、自分自身 094
完璧にほめる必要なんてない 095

第3章 ほめる「ログセ」実践編

「すみません」を「ありがとう」に変える 100
脳の前頭前野を鍛えて、ポジティブ思考に 102
最高のタイミングは「すぐほめる」 104
魔法の3S「すごい、さすが、すばらしい」 106
期待を現実に変える「ピグマリオン効果」 108

第4章

失敗したときこそ、ほめるチャンス！

自発的に動く人材を育てる具体策

人を動かす「アイ・メッセージ」 109
「やる気を育てる」3つのポイント 112
ほめるのが苦手な人に効く、ひとり練習3選 114

解説 坪田's Advice
「何にでも日記」でポジティブな記録を残す 118
苦手なもの、嫌いな人をほめる 120
「リフレーミング」で新しい価値を見いだす 122

COLUMN
「ほめちぎる教習所」のスペシャル「ほめ表」 124

ダメな指導者は「できない」を指摘し、いい指導者は「できる」に目を向ける 132
「今、山の何合目にいるか」をはっきりさせた上で、残りの登り方を教える 135
口ベタでいい。観察力を磨き、聞き上手になれ 137

ほめて変わった！ その1
失敗で萎縮してしまう人
⇓失敗を「伸びるチャンス」に変える！ 140
失敗してもいい。「挑戦した」ことに価値がある 141

ほめて変わった！ その2
「でも、だって」と何も変えない人
⇓「君ならできる」で自己効力感を取り戻す 146
「でも」の裏には不安が隠れている 147

ほめて変わった！ その3
苦手意識が強い人
⇓目標の細分化と「成長実感」で自信をつける 150
がむしゃらに頑張るよりも、目標を細分化したほうが成長が早い 151

ほめて変わった！ その4
ふてくされて反発する人
⇓「YES－BUT」で理由を考えるようになる 154
相手を受け入れながら叱る、「YES－BUT」法 155
ガマンなんて必要ない「カッとしない」諭し方 157

ほめて変わった！ その5
人の話を聞いていない人
⇓実は教える側に原因あり。育てるべきは信頼関係 160
「相手が話を聞いていない」のではなく「あなたの話が伝わっていない」だけ 161

解説 坪田's Advice
「いまどきの若い人を指導できない」という方へ 164
世界で証明される「ほめる」の力 168

第5章

ほめにくい人をどうほめる？

タイプ別「やる気を引き出す」コツ

困ったときは性格別の「ざっくり3タイプ」分類で、「ほめ」が届きやすくなる！ 172

人とのつながりを大切にする「いい人」タイプ 175

納得しないと動けないから、理由をきちんと説明する 176

あやふやなことが苦手な「しっかり者」タイプ 179

まず結論を。いい見本を示せば勝手に動き出す 181

理論より感性「習うより慣れろ」の「天才」タイプ 183
細かい指示をせず、大まかな方針と 期日だけ伝えて自由にやらせるのが一番 185

ほめが効きにくい**3つの反応が出てきたときは** 187
リアクションがない、無反応な人 187
信じてくれない、ひねくれ者 189
イヤイヤ、投げやりな態度 190

解説 坪田's Advice

単純だけど大切な、ほめの下地作り 192
あいさつを交わす 192
笑顔を練習する 194
命令しない、お願いする 196
すべての人は非常識で無知である 199

巻末特典

「ほめちぎる教習所」イチオシのほめ方10選

01 すぐほめ 202
02 最初ほめ 203
03 原因ほめ 204
04 拡大ほめ 206
05 比較ほめ 207
06 プロほめ 208
07 質問ほめ 209
08 第三者ほめ 210
09 つぶやきほめ 211
10 ほめきり 212

あとがき ～加藤光一～ 214
あとがき ～坪田信貴～ 218

第1章

ダメ出しがやる気をつぶす

「叱る」教習所から「ほめる」教習所へ

昔の教習所はバブルな体育会系

――ミスがあれば叱りとばし、
うまくできない生徒にはハンコをあげず、
「イヤならやめたっていいんだぞ！」――

教習所が**「怖いところ」「叱られるところ」**といったイメージは、今でも根強く残っています。

中高年世代の方には「自分が免許を取ったときは厳しかった」「イジワルな指導員に何度も叱られた」という印象をお持ちの方も少なくないと思います。

南部自動車学校の社長である私も、若いころ指導員をしていた時代は、そうした教習所の「怖い」空気を感じることが少なからずありました。

かつて、自動車教習所は〝景気のいい〟場所でした。

ちょうど前回の東京オリンピックのころ、1960年代後半からはじまったモータリゼーションの波に乗り、若者は車に乗るのがカッコいい、車で遊ぶのがカッコいいという時代。高校3年生になれば免許を取るのが普通のこと。GT－Rやスカイラインといったスポーツカーを乗り回すのがあこがれだったのです。

こうした「免許が欲しい人たち」が大勢いたわけですから、教習所はいつも生徒で溢れかえり、土日はキャンセル待ちで長蛇の列ができるといったことも珍しくない時代です。

そんな状況ですから、いきおい指導員も態度が大きくなってきます。

冒頭のような言葉が飛ぶのも日常茶飯事でした。

熱心な人ほど、厳しく怒ってしまう

しかし、指導員たちは決して悪意ばかりから怖い態度をとっていたというわけではありません。

私が指導員になりたてのころは、先輩たちからは「中途半端な教え方をすれば、事故を起こすのは生徒なんだ。指導員は事故で不幸になる生徒を作らないためにも、厳しく生徒を指導しなければいけない」と繰り返し教わっていました。

先輩指導員が、自分の教え子が事故を起こしたと聞いて、悲しそうな顔をしているところも何度も目撃しています。

そんなふうに教わっていたものですから、**真面目で熱心な指導員ほど「自分がゆるい教え方をして、生徒に間違いがあってはいけない」と厳しい指導になっていく**のが常でした。

一方で、そうした思いが強すぎて、「厳しくなりすぎ」て、生徒に避けられる指導員が出てきてしまったり、「生徒に厳しくする」という態度が習い性となってしまい、指導員自身が常にピリピリした空気を放っていることも珍しくありませんでした。

そうした態度で仕事をしていると、自分自身もストレスを抱え、消耗していきます。

時には、指導員が心を病んで退職するといったことも起こっていました。

「教習のやり方は俺の背中を見て覚えろ」という体育会系の先輩指導員も多く、当時は指導員控え室の空気が、今より重く硬い感じになっていたと思います。

優秀な指導員とは、細かなミスを見つけ出して指摘するものだ。

生徒が教習の内容を完璧にこなせるようにする。

そのためには**生徒の間違いを探しだしては、正しい運転ができるよう「叱って育てる」**。

それがかつての教習所の、いわばスタンダードだったのです。

「叱られ慣れていない若者」が増えている

そんな「怖い」教習所でしたが、それでも生徒たちは教習所に通い、免許取得に向けて教習を重ねていました。

「免許が欲しい」と思っている生徒たちは『車に乗れるカッコいい自分』という夢を抱いています。多少怒られたくらいではくじけない、強いモチベーションを持っていました。

当時は今と比べて大人が厳しく、知らない子でも大声で怒鳴りつけるような人が、ご近所にひとりはいる時代でした。そういう中で、いわば「叱られ慣れ」している生徒が多かった、ということも関係しているかもしれません。

電車網が発達していない三重県では、車がないと遊ぶにも働くにも不便です。そんな地理的な事情も手伝って、怖い指導員にもめげずに免許を取っていくのは、ごく普通のことだったのです。

しかし2000年ごろから、生徒たちの様子が少しずつ変わってきました。

かつては「卒業と同時に免許が欲しい」という高校生が、3年生の後半ともなれば大勢詰めかけてきたものでしたが、そうした生徒が目に見えて減少していきました。

昔のように「友達とドライブするのが夢」という生徒ももちろんいましたが、**「就職に必要だから」とか「資格として親に取ってこいと言われたから」などといった、自分の希望ではなく「やむをえず」「言われて仕方なく」免許を取りに来る、モチベーションがあまり高くない生徒が増えてきました。**

そうした生徒たちの中には、強く叱られてそのまま教習に来なくなってしまったり、その場で泣き出して、教習にならなくなった生徒がちらほら見られるようになってきたのです。

もうひとつ問題がありました。

その少し前から業界全体で、**生徒数自体がゆるやかに減少**していたのです。

私が指導員をはじめた1990年ごろは、第二次ベビーブームの世代が教習所に通っていたので、まだ景気はよかったのですが、すでに出生率は下がりはじめていました。

実際、指定自動車教習所の卒業者数は1992年には250万人超だったのが、2016年には156万人超と100万人近く減少しています。そして、教習所数も200校以上減っているのです（警視庁「運転免許統計」）。


自動車学校関係者の会合でも、今後生徒が減っていくのは目に見えているから、何か差別化を考えなければまずいのではないか、といった話が出はじめていました。


しかし『教習所で差別化を』とはいうものの、いったい何ができるのだろうか。話はいつもそこで途切れてしまうのでした。

教習所という業態はかなり特殊なもので、一般的な商売の常識が通じない面が多々あります。

例えば、日本中にあるどこの教習所で免許を取っても、それは同じ免許です。

「ここの教習所で取った免許ならハクが付く」なんてことはありません。

多くの人は教習内容で選ぶというより、通うのに都合がいい場所かどうかで教習所を選びます。


さらに、教習所にはいわゆる〝口コミ〟で生徒が来るということがほとんどありません。免許を取ろうという人は、18歳から20代前半が中心です。口コミが伝わるであろう相手はだいたい同じ時期に免許を取ってしまっているため、ある人が良い自動車学校だったと思ってくれたとしても、それが人に伝わることはほとんどありません。

まれに親御さんや親戚の方から勧められて、と通ってくれる生徒さんもいますがレアケースで、ほとんどの人は「家に近いから」で決めてしまうものなのです。


このように、教習所は他の教習所との差別化が非常に難しい業態です。

最近でこそ「教習に使う車を選べる」とか、女性向けに「指導員を全員女性にするプラン」といった工夫をしている教習所も増えてきましたが、当時はそうした取り組みもまれで、たいていの教習所では教習料を下げたり、合宿などで短期間で免許を取れるようにする、といった方向性での集客を考えていました。

しかし、これからさらに生徒が減ってくるのがわかっているのに、価格競争をはじめてしまったら、先にはどんどん苦しくなる未来しかありません。

なんとか教習を差別化できるポイントはないか。思い悩む日々が続きました。

成長を実感できる「仕組み」を作った、2つの理由

そんな中で、父から教習所の事業を引き継ぎ、最初に手をつけたのが、**生徒の入校から卒業まで、一人の指導員が担任する「担任制」の導入**でした。これは、1997年にスタートしました。

最近は担任制を採用している教習所も増えてきましたが、かつての教習所では、授業のたびに違う指導員が担当するのが普通でした。

ただ私は、指導員としての経験から、この指導のやり方には限界があるのではないかと考えていました。

毎回違う生徒を担当するやり方だと、指導員としてはその日の決まった教習内容を追うだけで精一杯になってしまい、つい「ミスがないように」というポイントだけに集中してしまうと感じていたのです。

つまり、**「ダメ出し」「叱る」**ことがどうしても増えてしまう。

生徒の個性を理解することも難しく、誰に対しても画一的な指導になってしまいます。

また、毎回生徒が変わる状況では、生徒の成長を確かめることもできません。

その点、生徒を最後まで追い続けられる担任制であれば、生徒の得意・不得意を把握することができるのではないか。

生徒の性格や個性に合わせた、もっと丁寧で責任ある指導ができるのではないか。

そして担任制にはもう1点メリットがありました。

指導員側のやりがい、モチベーションを保つためにも、**生徒の成長の過程が見えること**が、何より重要だと考えたのです。

実は、導入に関しては所内の大きな反発があっただけでなく、公安委員会からもかなり強い懸念を示され、構想から実施まで、2年半の時間がかかりました。指導員たちを説得し、公安委員会と粘り強く交渉を続けて、ようやく担任制の実施にこぎ着けることができたのです。

結果的に、この試みは成功でした。生徒たちからは予想していたとおり、「先生に質問がしやすくなった」「仲良くなったぶん、親身に教えてもらえた」と高評価でした。

また、担任制に反対していた指導員たちも、実際にやってみると、「生徒の成長がわかるようになって教習がおもしろくなった」「以前は『次に担当する先生に迷惑がかかるから』とつい厳しくなっていたが、担任制になってからは生徒のペースに合わせて教えられるようになった」「全体で見て完成度をはかれるようになったので、ダメ出しが少なくなった」などと評価する声が多くなっていました。特に、多くの指導員から「生徒の成長が嬉しい」という言葉が聞けたことが嬉しかったのをおぼえています。

成長を実感できるようにする仕組みを作ることは、生徒だけでなく教える側にも喜びと

やりがいをもたらすことにつながるのです。

この担任制の導入は、後の「ほめる」教習のベースとなる重要なステップになりました。

ほめられるだけで、脳はやる気を出す

担任制が軌道に乗ったとはいえ、少子化、車離れは、今後もどんどん進むことは目に見えています。そして、前述したように、少しずつ叱られ慣れていない若者が増えていることも、日々実感していました。

そんなある日のこと。読むともなしに眺めていた新聞の記事に目がとまりました。いつもは興味を持つことも少ない科学欄のその記事は、非常に興味深いものでした。

自然科学研究機構や名古屋工大、東大先端研の共同研究によって、運動トレーニングの際に他人からほめられると、上手に運動技能を習得できることがわかったというのです。

研究によれば、パソコンのキーボードのキーを、ある順番にできるだけ速く叩く指運動

トレーニングをしてもらった直後に〝評価者からほめられる〟グループ、〝他人が評価者からほめられるのを見る〟グループ、〝自分の成績だけをグラフで見る〟グループの3グループに分ける、という実験を行いました。

その結果、〝評価者からほめられる〟グループは、他のグループに比べてより上手に指運動をこなせるようになることがわかったのです。

つまり、**運動トレーニングの直後にほめられることが、その後の運動技能の習得を促した、**ということになります。

研究によると、**「ほめられる」ことによる効果は、金銭報酬を得たときと同じくらい脳の線条体《せんじょうたい》を活性化させた**といいます。

線条体は運動や学習、意志決定など、広い分野での「やる気」に関わっていると考えられており、その働きにはドーパミンというホルモンが関わっているとされています。

また、さまざまな心理学的研究から、金銭報酬は現代人において最も強いモチベーションを生む報酬であると考えられています。

つまり**「ほめる」という行為は、人間にとって最高レベルの「やる気」を引き出すこと**

ができるのです。しかも、今回のこの報告では、ただ「ほめる」だけで、やる気が上がるだけでなく、実際に運動技能まで向上したのです。

「ドンマイ」より効く「ナイストライ！」

この話を読んだとき、私は教習所の40周年記念旅行でハワイに行ったときのことを思い出していました。

滞在中、半日かけて水上スキーに挑戦！　というオプショナルツアーを申し込んだときのことです。ジェットスキーに引っぱってもらいながら自在に水上を滑る姿は、遠目にもカッコよく、せっかくだからと、当時還暦を越えていた父と2人で申し込みました。

大きなモーターボートで沖に出て、ライフジャケットを着けてからは、マンツーマンでインストラクターがついて教えてくれるという形式で、これなら父でも大丈夫だろうと安心したのを覚えています。

しかし、水上スキーは華麗な見た目に反して、非常に難しいものでした。バランスと体

自分がほめられると、運動技能の成績があがる

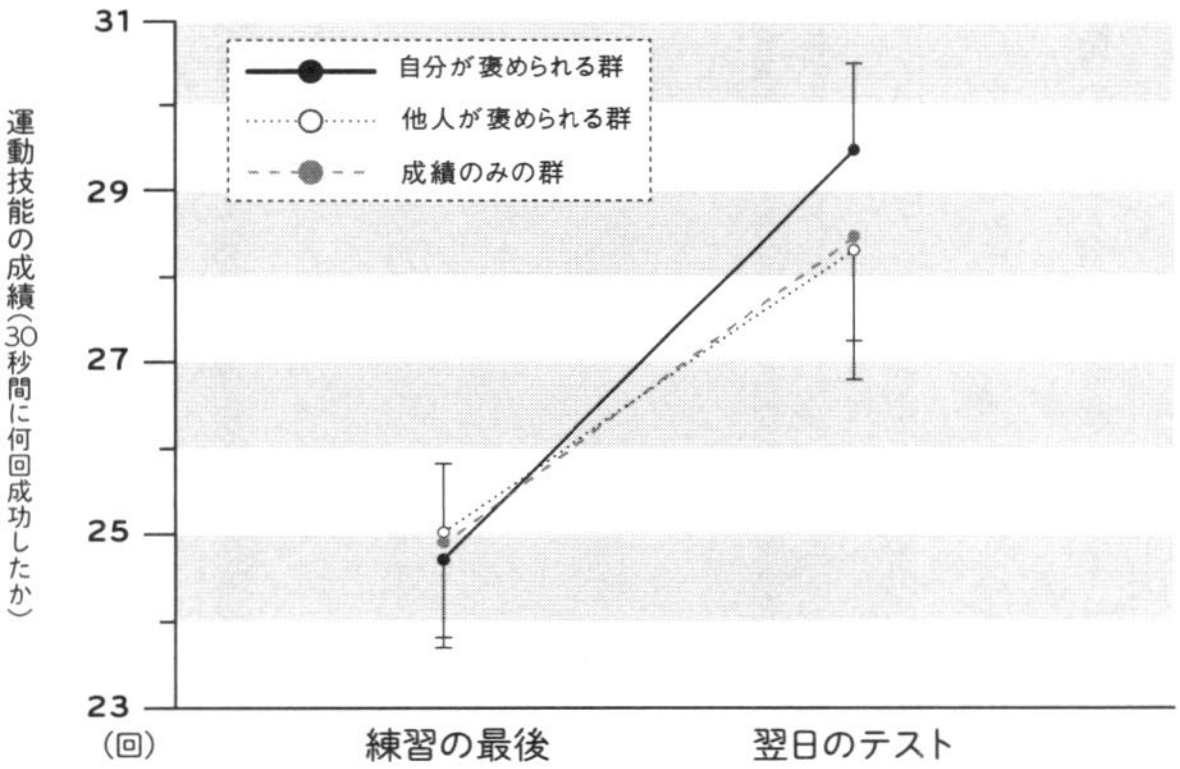

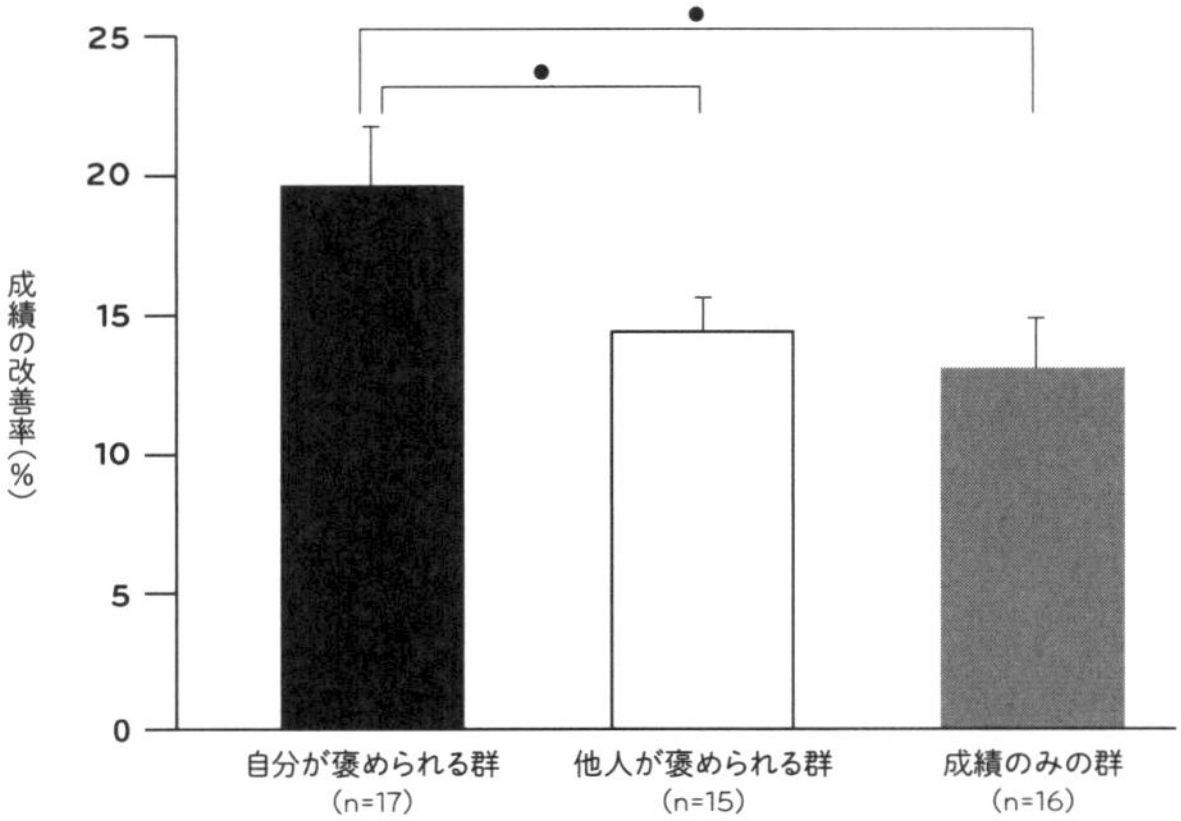

Sugawara S et al. PLoS One. 2012; 7(11): e48174.

運動直後に自分がほめられたグループは、より上手に運動技能が習得できていることがわかった。ほめることが学習効果を高めるのだ。

の力の両方を使わないとうまく滑れないため、引っぱられては転び、引っぱられては転びを繰り返すばかり…。

ところが、そのとき教えてくれたインストラクターがすごかった。

彼は、初歩的なことができずに何度も同じ失敗を繰り返す私を叱ることもせず、「誰でも最初はそんなものだ！　ナイストライ！」「今のは惜しかった！　もう一回やればきっとできる！」と励まし続けてくれました。

やっと体が起こせるようになったものの、姿勢を維持できずにすぐ転んでいたときも「体の起こし方はばっちりだから、今度はもう少し足を突っ張れ！」「今の体の動き方はいいぞ！　もう一度だ！」と、**できた部分を繰り返しほめてくれます。**

うまくいかないときでも「お前の年齢でこんなに早く体が起こせるようになるやつはいないぞ！」「こんなにトライするなんてすごい！」と励まし続け、しまいには**転んだときにまで「今のコケ方はよかった！」とほめてくれます。**

なかなかうまくならない私をあきらめることなくほめ続け、アドバイスを送り続けてくれたインストラクターのおかげでしょうか。

最後のトライでは、わずかな時間ながら、ついに水上に立って滑ることができました。

「今のは良かった！　完璧だったぞ！」

笑顔で握手を求めてくる彼に握手を返し、何度もお礼を言って宿に戻りました。

達成感でハイになっていた私は、意気揚々と父に〝戦果〟を報告しました。

「何回も転んだけど、最後でやっと滑れるようになった！　この歳で1回目のレッスンから滑れるようになるやつはいないって言われたよ！」

そこで父は、不思議そうな顔でひと言。

「え？　わし、1時間くらいで滑れるようになってたで？」

なんともしまらないオチがついてしまいましたが、それでもなお、あのインストラクターの「ほめ力」のすごさは私に衝撃を与えました。

人生であんなにもほめられたことはないというくらいほめ続けてくれたこと、そして**そのほめ方がとても具体的であること**に感心しました。

自分でもうまくできているかどうかわからないところを「ほめ言葉」としてしっかり教えてくれ、それに加えるかたちで「あとはここだけできれば完璧だぞ！」とアドバイスをくれるので、その後の成長にもつながりやすいと感じました。

また、彼はほんの些細な成長でもちゃんと見つけ出してほめてくれるだけでなく、うまくいかないときでも**「ナイストライ！」とチャレンジしたことをほめてくれます。**

いつもなら1時間も動き続けていれば休みたくなるところですが、疲れも忘れて「もう1回」「もう1回」と自分から練習に向かっていくことができたのは、きっとほめられ続けていることがポジティブに働いたのだと思います。

日本では失敗したら「ドンマイ（Don't mind・心配するな）」ですが、**アメリカでは、失敗しても「Nice try！」**。「よくやった！」「よく挑戦した！」というほめ方をするのです。

モチベーションの源は「承認」すること

モチベーションについて、ひとつ衝撃の報告があります。日本青少年研究所「高校生の心と体の健康に関する調査」によると、「自分は価値のある人間だと思う」「自分に満足している」「自分が優秀だと思う」という項目への回答に、日本の高校生は世界各国の高校生と比べて「そうだ」と答えている割合が極端に低いという結果が出ています。

しかもこれは、子供たちの間でだけ起こっている問題ではありません。ここ10年ほどの景気の低迷と並行するように、**大人の日本人の仕事に対する意欲が下がっている**ことが調査から明らかになっています。

２０１７年の米ギャラップ社の調査では、日本は「熱意あふれる社員」の割合がたったの6%で、これは米国の32%と比べて大幅に低い数字です。さらに、調査した１３９ヵ国中１３２位と最下位クラスなのです。私はこれは個人の問題ではなく、働く環境にこそ大きな要因があるのではないかと思っています。**意欲を持って働く人材を育成することは、これからの企業の大きな命題になってきているのです。**

ではいったい、どうしたらいいのでしょうか？

ある調査において「仕事中どんなときに最もうれしいと感じたか」とのアンケートを行ったところ、約半数の人が「上司から一人前に扱われたとき」「お客様が自分を信頼して商品を買ってくれたとき」など、〝周囲からほめられたり認められたりしたとき〟と回答したそうです。

心理学では、このように他人に認められたい、評価されたいと思う心を「承認欲求」と呼んでいます。日常生活では、このような「評価を受けたい」という願望を露骨に表す人はあまりいませんし、承認欲求を表に出すことも少ないのですが、実際には誰の心にも深く根付いた、自然な感情です。

そして、この気持ちはモチベーションと強く結びついています。

承認欲求は、人にほめられた、認められたときに満たされます。先の実験で**「ほめる」ことが非常に効果があったことも、この承認欲求が関係しているのです。**

なお、承認の効果は若い人のほうが大きいとの結果も出ています。

若年層が上司に承認されると、自己効力感（「自分ならできる」という期待感や自信）、モチベーション、評価・処遇への満足度、職場で認められていると感じる度合いなどに、はっきりと良い効果が表れるそうです。

今後は承認による動機付けがいっそう重要になってくるでしょう。

日本人は、ほめるのが下手なのか？

日本人は礼儀正しい国民性である、などと言われますが、その一方で感情を表に出すのが苦手な人が多いようです。

特に、うれしいとか喜ぶといったポジティブな面での感情表現が得意ではない傾向があります（「ほめる」ことも感情表現の一種です）。

これは、**日本では古くから感情や願望を表に出すことが、はしたない、みっともないこととされていること**が原因のひとつに挙げられます。

日本では、冷静沈着、何事にも動じず、危急のときにもあわてない、どっしりとした人物が大人物の条件として挙げられます。

これは裏を返せば、感情のままに動いたり、感情をすぐにあらわにするのは人間のスケールが小さいとみなされるということ。そんな文化の中では、なかなか素直に感情を表現することはできません。

感謝の気持ちさえ伝えるのが苦手という人も多いのではないでしょうか。実際、私の周りにも、自分の奥さんにはどうしてもありがとうと言えない、なんて年配の男性は少なくありません。

しかし一方で、日本人は他人の感情を読み取るのに長《た》けています。

相手のちょっとした表情や声色の変化、仕草の違いから、相手の気持ちを読み取る繊細な感覚を持っています。

相手をほめようという気持ちになりさえすれば、観察力の高い日本人はほめるのが上手になれるはずです。

叱った後にアドバイスをしている人へ

ほめることが、やる気を引き出し、成長を実感させ、理解度もアップさせる。

これは、ビジネスや教育の分野で言われる**「コーチング」**にも通じる考え方です。

ダメ出し視点では、この逆のことが起こります。

部下のできないところにばかり目に付いてしまう。熱心に指導するほど、ダメ出しばかりになる。こんな経験、ありませんか？「どうしてあいつはできないんだ」と、相手のことを嫌いになってしまうことさえあります。

「本当は怒りたくなんかないのに」と思うほど、真面目にやろうとするほど、大きなストレスを抱えて苦しくなってしまうのです。


部下側にしても、指摘ばかりされて、相手にいい感情が生まれることもありません。

頑張っていろいろな工夫をしても、上司から出てくるのはダメ出しばかり。

しかも、中には改善点の指摘ですらなく「もっとちゃんとしろ」「あなたって、いつもそうよね」など、暗に「お前はダメだ」というメッセージを押しつけてくる場合も少なくありません。

こうしたダメ出し指導が続くことで、**「工夫しよう」「知恵を絞ろう」という方に心が向かず、「ミスをしない」「間違わない」「目立たない」方に意識の向かう〝指示待ち人間〟**

ができあがるのです。

また、叱られた相手を「苦手だ、イヤだ」と思うようになると、**脳が無意識のうちにその人からの情報を受け入れなくなってしまう**こともあります。

一度そういう関係ができてしまうと、その相手からはどんどん情報を聞き逃すようになり、それが再びミスにつながる。ミスが叱られる原因となって、さらに相手を「イヤだ」と思う意識が強くなる――。

教習の現場でよく起きていたことですが、「叱る」だけの指導では、こうした**「負のスパイラル」**が生まれてしまうのです。

ほめるだけで、すべてが変わった!

能動的に動ける人間を育て、モチベーションを高めるには、「ほめる」視点が必要不可欠。そう気づいたものの、これまで生徒や自分の子供にほめる指導をしたことはありませんし、思い返せば自分自身も「ほめて育てる」といった類いの指導をされたことがありません。どう「ほめる」のが良いのか知らない自分に気づかされたのです。

なんとか教習に「ほめる」を導入できないか。

調べるうちに、大阪に「日本ほめる達人協会」という団体があることを知り、理事長である西村貴好さんを招いて「ほめる」講演を聞いたり、毎月「社長塾」を開いて「ほめる」をどう活かすかのワークショップを実施するなど、教習所での「ほめる」研究が始まりました。

最初は希望者のみで実施していましたが、だんだん参加者数が増えてきたので、全社的に「ほめる」を導入することに決めました。

まずは練習ということで、朝礼でほめる練習、**「ほめロープレ」**（第2章で紹介）に取り組むことにしたのです。

「ほめる」を導入すると所内で発表したとき、多くの指導員はどことなくイヤそうな表情を浮かべていました。

皆、口には出しませんでしたが、

「なんだかうさんくさいことをはじめたなあ」

「ほめるなんてホントに効果があるのかなあ……」

そんな不信感がありありと顔に浮かんでいました。


しかし、**朝の練習を続けるうちに、指導員たちの間で少しずつ意識が変わっていく**のが感じられてきました。


練習をはじめて3ヵ月ほど経《た》ったころには、

「ほめる、悪くないのでは？」

「これならいけるかも」

そんなことを口にする指導員が増えてきました。

実際にどのような練習をするかについては第3章で詳しくお話ししますが、最終的には全社員が日本ほめる達人協会の「ほめ達検定」3級を取得しました。


思ったよりも社員のなじみが早かったことから、最初は1年ほどならしてからのつもりでいたところを予定を繰り上げ、生徒が集中する繁忙期の2月から「ほめる」指導をはじめることに決定し、その日のうちにプレスリリースを出しました。

指導員たちには事後報告で2月からはじめることを伝えました。

「さあ、もう発表しちゃったから、後戻りできないよ！」

「2月からほめる指導だよ！　うまくできないとツイッターに書かれるよ！」

指導員には冗談めかしてそう伝えましたが、正直に言えば、内心はかなりヒヤヒヤしていました。


指導員たちはちゃんと「ほめる」指導をやってくれるだろうか。

生徒たちは「ほめる」指導を受け入れてくれるのだろうか。

本当にうまくいくのだろうか。

しかし、準備に奔走する指導員たちの笑顔を見て、私は確信しました。


きっとうまくいく。

そして2月に『ほめちぎる教習所』を開始してからの話は「はじめに」に書いたとおり

です。

「ほめる」は生徒への教習だけでなく、私たち指導員・職員の気持ちも、大きく変えてくれました。

「ほめる」気持ちを持って他人と接することがこんなにもいろいろなことを改善してくれるなんて、はじめてみるまでは誰も想像していませんでした。

ではどんなことが私たちに起こったのか？

次の章で詳しくお話ししましょう。

解説

坪田's Advice

こんにちは。坪田塾、塾長の坪田信貴です。経営者として、多くの企業の人材育成コンサルタントも務めさせていただいています。「ほめる」はビリギャル・さやかさんをはじめ、1300人以上の生徒たちの偏差値を上げてきた坪田塾でも、とても大切にしているコンセプトです。ほめることは、人材育成に必要不可欠です。その効果や取り入れ方のヒントについて解説します。

つぼた・のぶたか―坪田塾、塾長。これまでに1300人以上の子どもたちを個別指導し、心理学を駆使した学習法により、多くの生徒の偏差値を短期間で急激に上げることで定評がある。経営者として、全国の様々な上場企業の社員研修や講演会に呼ばれ、15万人以上が参加している。著書『学年ビリのギャルが1年で偏差値を40上げて慶應大学に現役合格した話』が120万部のミリオンセラーに。近著の『人間は9タイプ』も累計10万部を突破。第49回新風賞受賞。

「叱る」は頭を使っていない指導法

私が坪田塾での指導や、企業のコンサルなどで「ほめる」指導を行っていると、必ず聞かれることがあります。

「でも、叱るのも大事ですよね？」というセリフです。

私はそうは思いません。

叱る必要があるとすれば、命に関わることだけで十分です。他のことで「叱る」のは何の意味もない、むしろ逆効果になることの方が多いと考えています。

叱ることの目的を考えてみましょう。

あなたが人を叱るとき、それは何のために叱るのでしょうか？

間違いを反省させるため？　できていない部分を改善させるため？　成長を促すため？

いろいろな理由があるでしょう。

しかし、**それは本当に「叱らないと達成できない」ことでしょうか？**

「叱る」というのは〝手段〟です。

同じ目的を達成できるのであれば、他の手段を選んでも問題はないはずです。

本書はその手段として「ほめる」を提案する本ですし、私もその方が合理的だと思っています。

叱ったからといって相手の何かが改善されることはありません。

叱られて相手が喜ぶことはほとんど期待できず、むしろ**必要以上に緊張してしまったり、失敗に怯《おび》えて実力が出せなくなったり**と、害の方が多いものです。

叱った側も、相手が叱られて落ち込んでいるのを見ればイヤな気分になり、今度は落ち込んでいる姿に、また腹が立ってしまうことさえあります。

叱ることで、お互いがネガティブな気分になってしまうのです。

怒りの正体は「相手が思いどおりにならない」こと

心理学では叱って相手に言うことを聞かせることを**「フィアアピール」**と言います。

理屈も何もなしに、とにかく恐怖（フィア）をもって行動させるこの方法は、相手が怒られることを回避しようと、とりあえずの行動を起こすため、その場では何がしかの結果を得ることができます。簡単に成果が得られるため、一度成果を感じた人はフィアアピールを繰り返すようになります。

しかし、そうやってその場その場で行動させることができたとしても、それは常にその場しのぎの行動です。**長い目で見れば、怒り続けることは、人間の成長には寄与しません。**

ときどき「自分が叱られて育ったから、叱る育て方は正しい」「あのとき厳しくされたおかげで今の自分がある」とおっしゃる方もいます。

しかし、それは心が「辛かった、かつての自分が間違いだと思いたくない」という「認知的不協和」の状態に陥って、「叱るのは正しい」という結論ありきになってしまっているだけなのです。

長期的に見れば、叱られたせいで成長が遅れる人がほとんどでしょう。

この相手を叱りたくなってしまう怒りの正体は何なのか。

それは**「相手が思うとおりにならない」ことに対する怒り**です。

そこで、すぐに効果が出るフィアアピールを使ってしまう。

これが「思わず叱ってしまう人」の心の動きです。

人にわかってもらうためには「５３２回」言う必要がある

しかし、怒りにまかせて叱っているとき、あなたは的確に「叱る」ことができているでしょうか？

「どうしてちゃんとやらないんだ！　ちゃんとやりなさい！」

こんな叱り方をされて、「ちゃんと」することができるようになるものでしょうか。

「何度言えばわかるんだ！」

そう何度言われても、わかることはないのではないでしょうか。

だって、「ちゃんとやれ」と言われているだけで、**具体的に何をすればいいのかわからないまま**なのですから。

以前、坪田塾で「何度言っても言うことが聞けない人に、何回言えばわかってもらえるのか」を調べる実験をしたことがあります。

その結果、**「ケアレスミスを無くすために必ずチェックをするという行動をとるためには平均532回言う必要がある」**ということがわかりました。

私はこの結果を知ってから、「何度言ってもわからない子」にイラッとすることがなくなりました。「まだ532回は言ってないもんな」と思うと腹が立たなくなりました。

しかし、世間には一度言われたらそれでできるようになる人もいます。1回でできるようになる人と、532回を必要とした人との間には、いったいどんな差があるのでしょうか。

私は、それは言われた側の能力や性格ではなく、**言った人の意図が、言われた側にちゃんと伝わったかどうか**の差だと思います。

自分の中の「常識」を疑おう

例えば、あなたが「机を片付けて」と言われたら何をしますか？

机の上にある本をまとめてひとつの山にする、机の上に散らばったお菓子のカスをまとめて捨てるという人もいれば、机そのものを隣の部屋に移動する人もいるかもしれません。

しかし、言った側は「食事の時間だから机の上を片付けた上で、ふきんできれいにして欲しい」と思っていたとしましょう。

そんなふうに思っている人が、机が隣の部屋に運ばれているのを見たらどうなるか。

「なんで言ったとおりにできないの！」そう思わず叫ぶことでしょう。

でも、片付けたあなたは「言われたとおりにした」のです。

ここまで極端ではなくとも、似たようなことでイライラしたり、怒ったりしている人は少なくありません。しかし、そのイライラは**「言ったことがちゃんと伝わっていない」**ことで生まれているわけですから、言った側も言われた側も誰も得をしていない、非常に残念な状態だと言えます。

ここで大切なことは、「具体的に」どうして欲しいかを伝えることです。テーブルの例からもわかるように、聞いた言葉（シニフィアン）から頭の中に作られるイメージ（シニフィエ）は人によって大きく変わります。**言った人と聞いた人で、このイメージの差が大きいほど、「言っても伝わらない」度合いが大きなものとなります。**

山本五十六は「やってみせ　言って聞かせて　させてみて　ほめてやらねば　人は動かじ」という有名な言葉を残していますが、この言葉は「言う」からさらに一歩進んで「やってみせ」ています。言うだけでなく実演してみせるところまでやれば、やって欲しいことが間違って相手に伝わることはないでしょう。

日本の文化は「空気を読む」文化だとよく言われます。以心伝心が尊ばれ、「言うまでもないこと」「常識」があるのがよい大人であると評価されます。しかし、現代のように多様性が尊ばれる時代には、こうした価値観はどんどん理解されなくなってくるでしょう。

「言ったのにできていない」と怒ることは、自分がうまく伝えられていないことを怒っていること。そう考えて、なるべく具体的に指示を出してみてください。きっと良い結果が得られます。

たった6秒で、怒りが消える

「本当は、私だって部下を叱りたくないんです」

そういう方も少なくないのではないでしょうか。

なるべく怒らずにいたいけど、何度も同じ間違いを繰り返されたり、約束したはずのことを守れないのを見ていると、ついかっとなって……。


そういう人は、**かっとなったとき、頭の中で6秒を数えてみてください。**

人間は怒りを感じるとノルアドレナリンというホルモンが分泌されます。これによって顔が赤くなったり、鼓動が早くなったり、手や背中に汗をかいたりといった変化が起こり、体は興奮状態となります。

しかし、この興奮状態は6秒ほどしか続かないことがわかっています。

6秒間じっとガマンできれば、怒りのピークは過ぎ去るのです。

ただし、ガマンする間は別のことに意識を集中した方が良いでしょう。怒りの対象について考え続けていると興奮状態は収まりません。

余計なことを考えずにゆっくりと6まで数えるか、100からはじめて7ずつ引き算をしていく、などを行うのが良いでしょう。

怒りの波をうまくやり過ごすことができたら、今度は落ち着いてどうすべきかを考えましょう。自分が今怒っていると認識することができれば、続く行動も落ち着いたものにすることができるはずです。

第2章

「ほめた側」にいいことが起こる

「ほめブロック」を外したらイライラが消えた

なぜあなたは人をほめられないのか？

本書をここまで読まれてお気づきの方もいるかもしれませんが、**「ほめる」ときに、実際にやっていることは「他人を認めること」**なのです。

旧来のやり方、**「叱る」教え方は「基準に満ちていない部分を指摘する」**、いわば上から目線のものでした。

一方、**「ほめる」教え方は「今どれくらいの基準に届いているかを知らせる」**ものです。

これには上からも下からもなく、同じ高さの目線から、「相手のできていることや、そこまでの努力を認める」もの。

「できているところを認める」視点になれれば、「どうほめたらいいか」と悩むこともなくなってきますし、相手の悪いところも自然に「そういう面もあるのか」「そういう考え方もあるのか」と受け止められるようになってきます。

教習所では企業の新人育成の担当者や、お子さんを持つ親御さんにレクチャーをすることもあるのですが、この仕組みを理解できると、まず**指導者のストレスが劇的に減ります。**その結果、

「言ったことしかやってくれない」

「部下から提案がない」

といった悩みも解消されます。

ほめることは教わる側にも大きなメリットがあるのですが、**実はそれ以上に「教える側」「指導する側」に大きなメリットがあるのです。**

南部自動車学校では、「ほめる」を導入する前に、かなり時間をかけて職員にヒアリングを行いました。反対意見も多い中、よく聞かれたのは「ほめるなんてできない」「うまくできる自信がない」という意見でした。年配の人にそういう意見を持つ人が多いだろうと予想はしていましたが、若い人でも同じように「できない」という人が多かったのはちょっとした驚きでした。

しかしなぜこんなにも**「自分はほめることができない」**と思う人が多いのでしょうか？

監修の坪田先生は「うまくほめることができない」と思っている人が多い背景を「これまでほめられてきた経験のない人は、ほめる・ほめられるイメージを持っていないから、具体的にどうしたらいいかわからないのではないか」と分析しています。

今まで「叱る」指導で育てられ、「叱るのが良い」という価値観の中で暮らしてきていれば、どうほめればいいかわからないのは当然であり、「叱る」指導になるのも当然だろう、というのです。

例えば、部下を10分説教しろ、と言われたら、できる人は多いでしょう。

一度言い出したら、その人の悪いところが次から次へと出てきてしまう、という人も少なくないと思います。

これは、今まで**「叱る」育て方という価値観の中で、「相手の悪いところを探す」トレーニングを積んできた〝成果〟**と言えます。

では逆に、**10分間ほめ続けろ、**と言われたらどうでしょう。

実際やってみると、1分でも厳しいという人が多いのではないでしょうか？

「おお、いいね。頑張ってるね」などと、ふんわりとしたことをもごもごと言ったところで、ほめる言葉が尽きてしまうのです。

ほめるのがうまい人は「プレゼン力」も高い

ここで視点を切り替えてみます。人に物を売りたい、説得したいとき、あなたはどうしますか？　ビジネスでいう「プレゼン」をするのではないでしょうか。

この製品にはこんなにいいところがあります。

だからこの製品を買うことはあなたにこんなメリットがあります。

プレゼンとは「クライアント」のニーズを理解し、売り込みたい「商品」の良いところを伝えること。

「ほめる」ことも同じです。

相手ができているところ、良いところを見つけ、そこに自分のポジティブな気持ちをのせてフィードバックすることなのです。

誰でもいきなり「5分間スピーチしろ」と言われたら「そんなことできない」と思って

しまうでしょう。しかし、芸能人や評論家、政治家などは苦もなくこなしてしまうはずです。なぜなら、彼らはスピーチの訓練を受けているからです。

そして、「ほめる」もスピーチと同じ、プレゼンテーションの一種です。

「ほめるなんてできない」「だってほめるところがない」とあなたが思ってしまうとしたら、それはあなたの「プレゼン力」が足りないから。

逆を言えば、どちらも訓練すれば、誰でもできるようになるものなのです。

そう、南部自動車学校で、指導員全員がほめることができるようになったように。

1対1の対面で、相手をほめられますか？

南部自動車学校では、「ほめる」を導入するにあたって、まずは毎朝朝礼で「ほめロープレ（ロールプレイング）」を実施することにしました。

「ほめロープレ」というと、ほめ言葉のボキャブラリーを増やすとか、言葉の抑揚や表情をつける練習のようなテクニカルなものを想像してしまいますが、私たちが最初にやったのは**2人組になって、互いの良いところをひとつずつ、1分間ほめ合うという「対面ほめ」**でした。

それなりに気心の知れた同僚を面と向かってほめる、というのは、やってみるとかなり気恥ずかしいものです。そもそも、1対1で正面から人をほめること自体、したことがないという人がほとんどで、誰もが苦心しながらほめ言葉をやっと口にする、といった感じでした。

私は、この「ほめる」に対する心の抵抗感を**「ほめブロック」**と呼んでいます。

ほめロープレの第一歩は、ほめようとする素直な心を妨げる、このブロックを外すところからスタートしました。

「対面ほめ」は、まずは正面から他人をほめるという行為に慣れ、ほめブロックを外すために効果を発揮します。

ほめロープレをはじめた当初は、みな一様にぎこちなく、はにかみながらお互いをほめ合っていました。慣れない上に恥ずかしさも手伝って、ぎくしゃくしながら懸命にほめようとする様子があちこちで見られました。

ほめる内容も「今日の髪型かわいいですね」とか「そのシャツいい色ですね」など、とりあえず目に入ったところをほめる言葉を交わし合うのがほとんどでした。

しかし数日ほどで、はにかみながらではあるものの、最初と比べるとずっと堂々と相手をほめられるようになってきます。

ほめる内容も単純に外見をほめるのではなく、「その靴の色いいですね、センスがありますよね」とか「いつも生徒に優しくしてますよね」といったふうに、少しずつ**内面に踏み込んだほめ言葉**が出てくるようになりました。

内面をほめて「ほめブロック」を外す

練習をはじめてわかったのですが、人間、突然「さあ、ほめろ」と言われると、たいていは苦しまぎれに外見をほめるものなんですね。私たちもそれは同じで、はじめのうちはすぐに目に入る、髪型や服装、装飾品などから、ほめやすい場所を探していました。

最初はそこからでいいんです。

しかし、しばらくやっていると、だんだんネタが尽きてきます。

そうなると、今度は言動や行動など、相手の内面をほめるようになります。

実は、この**「内面ほめ」**がほめブロックを外すのに重要な役割を果たしてくれました。


内面ほめがはじまると、ふだんの行いや考えをほめるようになります。

相手の人となりをよく観察し、思い出しながら、ほめられることを見つけようとします。

その過程の中で、**自然に、それまで気がついていなかった相手の良いところが見えるようになってくる**のです。

良いところが見つかってしまえば、そこをほめるのは難しくありません。

ほめなれていない人が、最初から内面をほめようとすると、とてもハードルが高いのですが、とりあえずほめているうちに、「良いところを見つける目」が養われ、指導員たちのほめブロックが外れてきたのです。


この練習では、ほめられた側にも大きなメリットがありました。内面ほめでは、単に上っ面をほめられるのとは違い、普段の行動が評価されていることや、自分が思ってもいないところを長所と思われていることを知ることができます。

「自分のことをこんなに見てくれているんだ」と思うことで、相手に対する親近感や信頼感もわいてきます。

たとえ練習だとしても、信頼が生まれるのです。

こうして作り出された信頼がまたほめる言葉を生み、自然とほめ合う空気が生まれて教習所の雰囲気が変わっていきました。

叱り続けて30年の、古い指導員も変わった！

「でもねえ、練習だってわかっているところで、ほめられたって…嬉しくなるわけないじゃないですか」

練習をはじめたころは、しかめっ面でそう言っていた60代の古参指導員も、今ではずいぶん楽しそうにしています。

いわく、「練習ってわかってるんだけど、ほめられているとやっぱり嬉しくなってくるんだね。特に、普段何気なくしていることをほめられると、自分を見てもらえているんだ、って思えて嬉しくなっちゃうんだな」とのこと。

そんなふうに実感してくれる指導員が増えたからでしょうか、対面ほめの練習は、日に日にスムーズになっていきました。練習中も、はにかんだ顔ばかりでなく、笑い合う声が聞こえてくるようになってきます。

こうして練習を続けているうちに、**指導員同士の間で会話が増え、校内の雰囲気が明るくなった**ように感じられました。

指導員に聞くと「いやあ、お互いほめ合ってるうちに、話しやすくなってきましてね」などと笑っています。

練習としてほめ合っているだけでも、こんなに効果があるものなんだ。

この事実にはかなり驚かされました。

ポジティブワードがストレスを軽減する

後に知ったことですが、この現象は心理学的にもよく知られているそうです。

アメリカで行われたこんな実験があります。

Aチームの人たちには「危険」「不可能」「無理」といったネガティブなキーワードを、Bチームの人たちには「できる」「可能」「価値がある」などポジティブなキーワードを数分ずつ見てもらい、それぞれ唾液《だえき》を採取してコルチゾールの量を測定しました。

コルチゾールはストレスを感じたときに出るホルモンで、増えすぎると肌が老化したり、肥満やうつが起こることがわかっています。

すると、ネガティブなキーワードを見た人たちではコルチゾールが増え、ポジティブな人たちでは減っていることがわかったそうです。

つまり、**ただネガティブな文字を見るだけで、人間はストレスを感じるし、ポジティブ**

な情報に触れるとストレスが軽減していたのです。

単にポジティブな言葉を黙って見ているだけでも、人間のストレスは軽減されるのです。職場の同僚や仲間から面と向かって立て続けにほめられる、という体験が何十倍も心を明るくしてくれるであろうことは容易に想像できます。

「ほめる」には、人の心を助ける力があるのです。

ロールプレイングは「物ほめ」と「ほめシャワー」

その後、同じ練習ばかりでは飽きてしまうので、いろいろな練習を行いました。

例えば**「物ほめ」**練習は、人ではなく誰かが示したものを交代でほめる、というものです。例えばホワイトボードを「すぐに書けて、すぐに消すことができる」「みんなの意見を受け止める懐の広さがすばらしい」とほめてみます。ティッシュペーパーなら、「こんなに薄いのにちゃんと2枚重ねになってるなんて芸が細かい」「自分が汚れ役を引き受けて、みんなをきれいにしているんですね」という具合です。
とにかく様々な視点から、言葉の限りを尽くしてほめ続けます。
はじめのうちは見た目をほめることができますが、ネタに詰まってきてから、なんとかひねり出されるほめ言葉がおもしろく、笑いの絶えない練習になりました。

「ほめシャワー」練習は、10人ほどで一チームになって、ひとりの人を全員が交代で次々ほめ続けるというワークです。こちらも外見ネタが出し切られてから、どうにか絞り出されるほめ言葉がおもしろいものでした。

「怖い顔に似合わず、毎日庭の花壇に水をあげる優しい人です」などと冗談めかして言うことも多いのですが、ただおもしろいだけでなく、その人の内面的な良さや普段の仕事ぶりが紹介されるなど、思いもよらない人となりがみんなに知られることがありました。

相手の意外な一面がわかったり、それまで知らなかった共通の趣味が見つかるなど、指導員同士の交流に一役買うことも少なくなかったようです。

社員同士の交流が増えたら、業績まで上がった

このように「ほめる」が効果を示したのは、ほめられた側ばかりではありませんでした。**むしろ、会社として見たときには、ほめる側、つまり指導員に表れた効果の方が、結果的に喜ばしいものとなりました。**

一番大きなメリットは、**指導員のメンタル面が大きく改善された、**ということです。

第1章にも書いたように、「ほめる」前の教習所には職員の間にも緊張感があり、ややギスギスとした空気が流れていることがありました。

しかし、「ほめる」をはじめて1ヵ月ほど経ったころからでしょうか。目に見えて空気が和らぎ、ギスギスした雰囲気が解けてきたのを感じました。

指導員や職員も以前ほど厳しい表情をすることがなくなってきました。

張り詰めた感じがなくなってきて、かわりに笑顔が増えました。

どこかであいさつの声がすると、波紋が広がるようにあいさつが続いたり、どこかで拍手があると周りの人が追随して拍手をするなど、職場に一体感が感じられることが多くなりました。それぞれの指導方法を話し合い、アドバイスし合うといった光景もしばしば見るようになりました。

社員同士の交流が増えると、会社の業績、パフォーマンスにも如実に良い結果として現れるようになってきたのです。

ほめ上手になると「生きるのがラクになる」

ほめることが予想以上に大きな効果を発揮することが実感できたため、教習所では「スマイルスキャン」という、笑顔のレベルを画像判断して採点する装置を導入し、始業前にすべての指導員が笑顔の練習をはじめることになります。これもうまい具合に作用し、「ほめる」導入後、1年ほど経ったところで指導員のヒアリングを行ってみると、皆が口をそろえるように**「気がラクになった」「肩の力が抜けた」**と言っていました。

指導の厳しさで有名だった指導員などは、「肩こりが消えました」と驚いていました。

これまでは、生徒の間違いやできていないところを探すために一生懸命になり、見つけたらそこを叱るという指導を繰り返してきましたが、「叱る必要がないと思うと、生徒がうまくできないときでもイライラせずにアドバイスできるようになった」のだそうです。

しかも、**生徒数は伸び、合格者率は上がり、事故率まで減る**という、会社としても良い状態になったことで、先生たちに自信もついてきました。

以前は「生徒より上にいなければ」と肩ひじを張るところがあったのが、**「同じ目線から伝える」ことができるようになった、なってきて、仕事のストレスが大いに減った。**意識しなくても**人の良いところが目に入るようになった、が身についた。**自分の思っていることを**素直に口に出せるようになってきた。**いろいろなことを受け止められる**広い視点**など、さまざまな意見も出てきました。

実際、以前は時折うつなどの不調を訴える指導員や、人間関係がこじれて退職する指導員がいたのですが、「ほめる」導入からはそういう人が減ってきました。

家庭にも良い影響が出た人が続出しました。女性の指導員で、子育てに「ほめる」を導入してみたら、子供を叱ることが減った、と報告してくれた人もいます。それまでは「叱ってはいけない」と無理に怒りを我慢していたのが、ほめるように心がけているだけで、本当にイライラすることが減っていったそうです。

彼女は現在でも、良き指導員であり、良き母として輝いています。

人はポジティブな気分のときに視覚の機能を広げ、脳を活発にするといいます。

そして、人はポジティブなワードに反応してポジティブな気分になる性質があります。

アメリカの心理学者、セリグマン博士の行った研究では「毎晩寝る前によいことを3つ書くことを1週間継続するだけで、その後半年にわたって幸福度が向上し、抑うつ度が低下する」という結果が得られています。

ネガティブな言葉を遠ざけ、前向きな言葉を見たり聞いたりするだけで、人はポジティブな気持ちになることができるのです。

それは、自分が発する言葉でも同じ効果があります。

人をほめること自体が、あなたをポジティブな状態に導くのです。

「ほめる」ことはほめられる側だけでなく、ほめる側にも良いことをもたらしてくれる。**ほめるように心がけるだけで、イライラしていた心が軽くなる。**

こんな不思議の背景には、こうした脳科学的、心理学的な働きがあるのです。

多くの指導員が笑顔で「生きるのがラクになりました」と答えてくれたのが、今も深く印象に残っています。

「ほめちぎる教習所」の先生はみんな「ほめる」達人

南部自動車学校では、すべての職員が「ほめ達」検定3級の資格を持っています。また、毎日の仕事に加え、朝礼や研修会でのトレーニングも積んでいることから、それぞれが、かなりのレベルの「ほめる」の達人だと言えます。

しかし、同じ達人と言っても、みんなが同じほめ方をしているわけではありません。

例えば、教習所で一番指名の多い女性の指導員は、いかにも「関西のおばちゃん」といったとても元気なタイプの人です。**「ほめる」ことに疑いを持たず、服装からキャラクターまで手を変え品を変え、次から次へとほめちぎり、**相手を自分のテンションに巻き込んでいきます。

2番人気の男性指導員は寡黙で、**相手の言うことをしっかり受け止めるタイプ。**たくさんしゃべったりほめまくる訳ではないのですが、人の心にしっかり刺さるほめ方をするタイプです。彼の口グセは「そうか、君はそう思うのか」。相手を認めるひと言が彼の「ほめ方」です。

また、指導員歴40年のベテランで、コワモテで口数が少ないながら、生徒に慕われる指導員もいます。**口下手で「言葉でほめちぎると、嘘くさくなっちゃうんだよな」と言う彼の場合は「グッド！」と親指を上げるサムズアップやハイタッチといったジェスチャーが合っていた**ようです。今では、孫くらいの歳の生徒にも「じいちゃん先生」と慕われています。

他にも、教習の間ずーっとしゃべりっぱなしでほめっぱなしという指導員がいたり、圧倒的な技術があり、ここぞというときに「さすがだね」と要所だけほめる人も。

最初は「ほめるフォーマット」づくりから始めましたが、今では「指導員の数だけ『ほめる』やり方がある」という様相になっています。

それで良いのだと思います。

「ほめる」というのは相手のできることを認め、相手のためにそれを伝えること。

人の思いがひとりひとり違うのと同じように、その思いを受け取る側の解釈もまた違うはず。

だから、ほめ方がみんな違うのはごく当たり前のことなのです。

「ほめる」のは、その『目的』が大切なのであって、**相手にきちんと伝わっている限り、どんなほめ方をしてもかまわない**のです。

あなたも自分の個性に合った、あなただけのほめ方を見つけてください。

「自分はほめることができない」という人へ

本書を手に取っている人の多くは、おそらく「ほめることができるようになりたい」、もっと言えば「ほめることで、他人とうまくつきあえるようになりたい」と考えている人だと思います。

断言しますが、それは誰にでも可能です。

事実、南部自動車学校をはじめ、日本に7つある「ほめちぎる自動車学校」で「ほめる」が実践されていますし、私が塾長を務める学習塾「坪田塾」でも全講師に「ほめる」を実行してもらっています。

ただし、**最初からちゃんとほめられる人はほとんどいません。**

坪田塾では研修時に「授業のときは生徒をほめてください」とお願いして、授業の様子を録画して確認していますが、初回の授業では「どこでほめたのかわからない」というような人がほとんどです。

よくできている人でも言葉で「よくできたね」という程度、多くのケースでは、言葉で発することはなく、ほんの少し唇の端をゆがめて笑顔の形になったところを「ここでほめています」などと言い出します。もちろん、生徒は先生のそんな微妙な表情の違いなど気づいていませんし、ほめられたとも思っていません。

あまりにできる人が少ないので、とうとう台本を用意してそれを読んで練習するよう伝えたのですが、それでもなお肝心の「ほめる」部分を飛ばして話を進める人もいたり、なかなか思うようにほめてもらえない時期もありました。

「ほめる」がうまくならない日本の教育システム

私は今の教育システムの下では、これも無理からぬことだと思っています。

コミュニケーションというのは人の意図を受け取る作業と、人に自分の思いを伝える作業の両方があってはじめて成立するものです。

しかし、日本の教育システムで行われる授業は、基本的に先生の話を一方的にリスニングすることで成立しています。

一方で、自分の意見を述べるとか、討論する能力は必要とされず、鍛えられることもありません。

したがって、**人の話を聞くのは上手だけれど、意見を言うのは下手、**という人材がどんどん作られていきます。

受け取るのは上手でも、意見を言うのは不得意という人間がどうなるかというと、聞いたことを批判ばかりするようになっていきます。

聞いたことに思うところがあっても、その思いをうまく伝えることができないために、自分が理解した範囲でできる「批判」をするようになるのです。

逆に言えば、**自分の意見を伝えるトレーニングを十分に積めば、人の話を受け取ることも上手になれる**のです。

「ほめる」もこれと同じこと。うまくほめるための練習は、どんどんした方が良いのです。

相手が「素直じゃない」なら、それはあなたのせい

「彼は素直だったからほめが効いた」

「彼女は素直じゃなかったから、こちらの意見に耳を貸さなかった」

よくこういう話を聞きます。しかしほとんどの場合、これは自分がうまく意図を伝えられなかったことを、相手が素直かどうかに転嫁しているだけに過ぎません。

例えば「素直」について考えてみましょう。

あなたが着ているスーツを、通りすがりの知らない人が「君、そのスーツひどいね。ちっとも似合ってない。青い方が似合うんじゃない？」と言ったら、あなたはこの意見を「素直」に受け入れられますか？　むしろ、「なんて失礼なんだろう…」と思うのではないでしょうか。

しかし、もし言った人があなたの10年来の親友で、心配そうな顔で言っていたとしたらどうでしょうか？　おそらくその意見を「素直」に受け止められるのではないでしょうか？

このように、**意見を素直に受け入れるかどうかは、言った人との間に信頼関係があるかどうかと、その言い方**に左右されます。つまり、**「言うことを聞いてもらえなかった＝素直ではない」というのは自分が相手と信頼関係を築けていないか、言い方が悪かったことを相手のせいにしているに過ぎないのです。**

変えるべきは相手ではなく、自分自身

「ほめる」ができる、できないの話も根は同じところにあることが多いように思います。

経験上、「自分が上手くほめられない」と思っている人の多くは、「ほめる」ことを相性やセンスの問題だと思っています。

うまくいったときは「相手が良かった」「話が合った」、うまくいかなかったときは「相手が聞いてくれなかった」「相性が合わなかった」。

うまくいった・いかないを、あくまでも相手の問題として**「合う」「合わない」**で捉えてしまって、自分の伝え方がうまくないとは考えていないのです。

実際には決してそんなことはありません。

ドアには押し戸や引き戸、スライドドアなどさまざまな開け方がありますね。ドアを押して開かなければ、たいていの人は引いてみるでしょう。

相手に合わせた開け方をしてあげれば、ドアは必ず開くのです。たまたま開けたドアが押し戸だったからといって、すべてのドアを押し続ける人はいないでしょう。ドアに合わせた開き方をしたときに、ドアははじめて開くのです。

人の態度は、自分の行動・行為で必ず変わります。

うまくいかないときは、まず自分がうまく接することができていないことを認めましょう。それを認めた上でどう改善するかを考えます。

あなたが変われば、相手も必ず変わるのです。

完璧にほめる必要なんてない

「あなたは英語をしゃべれますか?」と聞かれたら、あなたはなんと答えますか?

多くの人は「全然しゃべれません」「少しだけです」などと答えると思います。おもしろいことに、TOEICでかなり良い点を挙げられるレベルになっても、日本人は「少しだけしゃべれる」ということが多いんですね。

これがアメリカ人だったら、「コニチワ」「サヨナラ」「アリガト」の3つくらいしゃべれるだけで「日本語を超しゃべれるよ！」くらいのことを言うかもしれません。

何が言いたいのかというと、**「カンペキにできるようになるまで『できない』と言い続けるなんてばかげている！」**ということです。

「自分はほめることができない」という人も同じこと。あらゆることを完璧に、常にほめ続けられるようになるまで「ほめることができない」というのは、少々ハードルが高すぎるというものです。

そもそも、今の時点で「うまくほめることができない」と思っているのなら、1日1回でも相手のポジティブなところを素直に伝えられるようになったら、それは「ほめることができるようになった」と言えるのではないでしょうか。

他人をほめるのと同じように、自分の成長を受け止めてください。

自分の人生が楽しいと思っていない人には、他人をほめることは難しいものです。

「ほめる」は人を幸せにします。

その「幸せになる人」には、あなたも含まれているのです。

第3章

ほめる「口グセ」実践編

「すみません」を「ありがとう」に変える

「ほめる」を実践したいと思っても、なかなかうまくできない。そんな人も少なくありません。

南部自動車学校に「ほめる」を導入してわかったのは「やり方がわかれば必ずほめることができるようになる」ということです。「ほめることができない」と思っている人の多くがそう思っているだけで、多くの人は**考え方を少し変えるだけでほめられるようになります。**

本章では、本校で効果があった、心構えと実用的なメソッドを解説します。

よく「こんなことは言わなくてもわかってくれる（わかって欲しい）」を理由にほめない人がいますが、これは大きな間違いです。

「言わなければわからない」ことは、この世にたくさんあるのです。

最初に身につけてほしいのは**「ありがとう」**を口グセにする、ということです。道を空けてもらうとき、ちょっと手伝ってもらうとき、そういうときに「すみません」と言ってしまうことは多いと思います。

そこでまずは、ネガティブな「すみません」をやめて、ポジティブな「ありがとう」に切り替えてみてください。

「ありがとう」は、相手の好意を受け止める優しいほめ言葉です。

これはネガティブな言葉を言う習慣を改めることで、ポジティブな言葉を使うことに対する、抵抗感や恥ずかしさをなくしていく効果もあります。

できれば「ありがとう」に続いて、手伝ってもらったなら「いつも助かるよ」とか、お茶を出してもらったなら「いつも気をつかってくれてうれしいよ」など、さらにポジティブな言葉を付け加えられるといいですね。

教習所では「ほめる」の導入の最初の段階で、この言い換えを試してもらいました。

「ありがとうに変えただけで、自分も気持ちいい」

「生徒だけでなく、同僚にも優しく接することができるようになった」

「ありがとうが自然に出るようになると、教習だけでなく生活の中で良さが感じられるようになった」

など、とてもポジティブな反応が返ってきました。

また、「すみません」のときは相手の顔を見もしなかったのが、「ありがとう」だと顔を見て言うようになり、相手も返事を返してくれるようになったと言います。

よく行くスーパーのレジの人に、それまでは何年通っても顔を覚えてもらえなかったのに、「ありがとう」に変えてから、すれ違うだけであいさつを交わすようになったと、うれしそうに話している人もいました。

「ありがとう」には周囲の人との関係性を改善する効果もあるようです。

脳の前頭前野を鍛えて、ポジティブ思考に

「ポジティブと言われても、いきなり前向きに考えられないよ」

そう思っている人はいませんか？

これはある程度仕方がない面があるのです。

は虫類以上の高等生物には、脳に**「扁桃体《へんとうたい》」**という部位が備わっています。扁桃体は、危険から自分の身を守るために働いている部分で、危険そうなものや異質なものを見たら、ひとまず避けよう、危険なものとして警戒しようとする本能を司っています。つまり、**人間には物事の悪い面を見つけたり、気にしたりしやすいという本能が備わっている**のです。

しかし、人間の脳には同時に**「前頭前野《ぜんとうぜんや》」**という部位が備わっています。ここは物事の判断や思考、創造性を司り、人間らしい心の働きを産み出している部位だとされています。この部位が働くことで、人間はむやみに怖がったりネガティブになったりせずに、物事の価値を判断することができるのです。

そしてこの部位は、物事を考えたり決断したりすることで、鍛えることができるとわかっています。

人間は本能を乗り越え、数万年にわたる文明を創り上げてきました。

あなたにも、本能を乗り越える前頭前野が備わっています。

ポジティブな考え方で、本能を乗り越えてください。

最高のタイミングは「すぐほめる」

「どのタイミングでほめたらいいか、わからない」。これも、非常によく聞く悩みです。これに対しては、明確な回答があります。

「ほめられるところがあったら、すぐほめる」です。

これを越えるタイミングは、ありません。ほめるのが上手な人は例外なく**「すぐほめ」**ができる人です。ほめるためにひとつ意識して欲しいことを選ぶなら、この「すぐほめ」ではないかと思っています。

逆にダメな例でありがちなのが、「後でほめよう」という考え方です。

その「後から」は意外にやってきません。そして結局ほめることなく終わってしまう。だから、ほめるところが見つかったら、すぐにほめるべきなのです。

特に、はじめての作業や操作の指導をしているようなときは「すぐほめ」を試すいいチャンスです。**「ほめる機会」がふんだんにあるので、ほめやすい**のです。

「いいね」

「今の良かったね」

その作業がちゃんとできているか、間違っていないか「うまくできている」ことを教えることで、教わる側も不安を感じず進めることが可能となります。

ほめるために難しい言葉を使ったり、美辞麗句を連ねる必要はありません。

ただ、それができたことをあなたがどう思ったか、さらには、その人ができるようになったことを、あなたがどう思ったかを素直に伝えればよいのです。

もちろん、最初はうまく言葉が出てこなかったりすることもあるでしょう。

でも大丈夫。つっかえつっかえでも、うまく言葉が出なくても、あなたが「ほめたい」という気持ちをもって話しかけていれば、その気持ちは必ず伝わります。

大事なのは「ほめよう」とする意志と、そのために一歩を踏み出す勇気なのです。

魔法の3S《スリーエス》「すごい、さすが、すばらしい」

「すぐほめ」のときにほめ言葉が出てこない方のために、ほめる魔法のワード「3S」を教えましょう。

それは、**「すごい」「さすが」「すばらしい」**の3つです。

もともと「ほめ達」協会で推奨しているものですが、私たちも「ほめる」を導入するときに非常に重宝しました。

使い方は簡単です。何か良い報告があったり、ほめるチャンスだと思うことがあったら「おお、すごい」「さすがですね」「これはすばらしい」など、どれでもいいから口に出します。

意識的に3Sを続けてみてください。やがて、何か良いことを耳にするたびに3Sが口グセになり、口をついて出るようになってきます。

ほめる言葉が習慣になれば、「いつほめよう」などと悩むこともなく、いつでも「すぐほめ」ができるようになります。

3Sが自然に出るようになったら、**今度は3Sの後に「なぜならば」を付け加える**ようにします。

例えば、あなたの部下が「○○商事と契約が取れました」と報告してきたとしましょう。あなたは3Sのどれかを口にします。「おお、それはすばらしい！」

ここで終わってしまうともったいないので、その理由を付け加えましょう。

「このあいだは取れなかったのによく頑張ったな、さすがだな」

「遅くまで資料作りを頑張っていた甲斐《かい》があったな」

「最近プレゼンがうまくなったもんね」

など、努力や成長を認める言葉がベストです。相手の納得する理由づけができたら、単なる「すごい」よりも、効果は5倍にも10倍にも膨れ上がります。

やってみるとわかるのですが、**脳は意外と働きもので、3Sを口にして「早く理由を言**

わなければ」と考えていれば、一生懸命その理由を探し出してくれます。

「まずはほめよ。後はそれから考える」、なのです。

むしろ大切なのは、相手の普段からの仕事ぶりをよく観察しておくことです。

ほめることは、見守ること、観察すること。

これを普段から心がけておけば、ほめる言葉は自然と出てくるようになります。

期待を現実に変える「ピグマリオン効果」

「ほめても反応がない」場合でも、ほめ続けることで効果が表れることが、心理学の実験でも示されているのでご紹介しましょう。

教育心理学者のローゼンタールらは、ある学校で全校生徒にテストを行った後、教員に「何人かの生徒は得点が高く、才能がある」と伝えました。

実はこの「何人かの生徒」はテストの得点とは関係なく、ランダムに選ばれたものでした。しかし、その年度末、再びテストを行ったところ、選ばれた「何人かの生徒」は他の生徒より得点が増加していたのです。

この実験は、「できる」とラベル付けされた人は、周囲から「できる」と扱われるようになることで、実際に勉強ができるようになる、ということを示しました。この、**期待によって人がのびることはピグマリオン効果**と言われます。

そして、同じことは「ほめる」でも可能です。

たとえ相手が無反応でも「君はできる」「さすが、君は優秀だ」と言い続けることで、自然と優秀になるよう導かれるのです。

「反応がないから」と「ほめる」をあきらめる必要はありません。

どんどんほめ続けてください。効果は量に比例します。

人を動かす「アイ・メッセージ」

意識せずにほめるときは、だいたいにおいて主語が省略されています。大抵「（君は）すごい」とか「(君は)よくできた」といった「ユー・メッセージ」のことがほとんどです。相手を主語にした話し方です。

一方、**「アイ・メッセージ」とは「君ができるようになって〝私は嬉しい〟」「君が成功してくれて〝私は助かった〟」といったように、主語を自分に変えて伝える**ものです。

人は自分のためよりも、他人のためのほうがモチベーションを維持しやすい傾向があります。アイ・メッセージは「君のおかげで私が嬉しい」と伝える言い方ですから、単純にほめるよりもひとつ上の効果を期待できます。

人は誰しも、「誰かの役に立ちたい」という欲求があります。

「私も気分がいいです」「私は嬉しいです」というアイ・メッセージは、**相手の存在、価値を認める、とても奥深い言葉**なのです。あなたが感じたプラスの気持ちを相手に伝える。それだけで、相手の存在、価値を認めることにつながっていくのです。

指示やお願いについてもアイ・メッセージを利用することができます。

人はそもそもコントロールをされることを嫌います。「これをやれ」「ここを片付けろ」

のように指示や命令を受けると、無意識のうちに反論したくなってしまいます。

しかし、「君がやってくれると（私は）嬉しいんだけど」「ここを片付けておいてくれたら（私は）助かるんだが」といったアイ・メッセージにおきかえると、言われた側にしてみれば**「やる・やらない」の選択権が残されているわけですから、命令されたときに比べると自発的にやってみよう、という気分になりやすい**のです。

そんなにうまくいくものだろうか、と思わず、ぜひ試してみてください。

ある女性指導員が研修でアイ・メッセージを習ったとき、普段家事をしない夫が、たまたまお風呂のシャンプーを補充していたのを捕まえて「気をつかってくれてありがとう！　すごく助かる！　嬉しいわ」と言ってみたら、次のときにはシャンプーだけでなく、リンスまで補充されていた、と笑っていました。

単純なことこそ、効くときには強力な効果が表れるもの。

ただ主語を変えるだけのことですが、使ってみればすぐその効果の大きさに気がつくでしょう。

「やる気を育てる」3つのポイント

私はこれまでの経験から、やる気を育てるためには、3つの重要なポイントがあると考えています。

①信頼関係

相手を伸ばすためには、相手との信頼関係ができていなければなりません。

こちらのことを信頼してくれる関係ができているからこそ、アドバイスや指摘を受け入れてくれるのです。

この信頼関係を作り上げるために「ほめる」が有効です。

ほめるとは見守り、認めることだからです。

話しやすい雰囲気を作り、言葉や意見のやりとりを増やし、互いの意志を通じ合う――。「ほめる」はコミュニケーションのさまざまな段階で使うことができます。

②相手への関心

相手が普段どんなふうに仕事に取り組んでいるか、何が得意で何が苦手なのか、どんな夢を持っているか——。

あなたはどれくらい知っているでしょうか。

まずはあなたが相手に関心を持つこと。相手がどんな人なのかを知りたいと思って話していれば、それまで聞き流していた世間話からも、相手の普段の考え方や悩み、努力しているところなどを知ることができます。

③目標の明確化

成長を促すためには、適切な目標設定が重要です。

人は目標を達成したときに成長を実感するものだからです。

このとき立てる目標は「偉くなる」とか「立派な人物になる」といった漠然としたものではなく、「〇日までに企画書を完成する」など、より具体的で明確なものにしてください。

ほめるのが苦手な人に効く、ひとり練習３選

教習所で行った「ほめる」の研修の中でも、ほめることに対して苦手意識があった指導員の間で「効果が高い」と認められた、ひとり練習の方法をご紹介します。

①自分・同僚のいいところを20個書いてみる

メモを用意して、自分のいいところをかたっぱしから20個上げてみましょう。20個というと、はじめは難しいかもしれませんが、5分程度に時間を区切って20個考えられるようにしてください。

自分でできるようになったら、今度は同僚や身近な人で試してみましょう。身近な人、仲のいい人の方が長所を探しやすいかもしれませんが、あまり親しくない人や苦手な人についてもチャレンジしてみてください。

人をポジティブに捉え、良いところを見つけ出す目を作る訓練です。

②欠点を長所に変換してみる

これは欠点を長所として、ポジティブに捉え直す訓練です。

まずは、身近な「物」の欠点を長所に変えることからはじめてみて、慣れてきたら人での変換に挑戦してみるとよいでしょう。

特に「人」の場合は、欠点を長所に変換することが、思った以上に難しいことに気付くはずです。

「ケチ→経済観念に優れた人」「細かいことにうるさい→普通の人が気づかないところにまで気がまわる」など、欠点をどうにか言い換えられないか、挑戦してみてください。

最終的に、あなたが苦手な人、嫌いな人でも試してみてください。あなたが苦手としているところを挙げて、そのポイントが長所として変換できないかを試します。

この変換の意外な効果として、苦手と思っていた人が、苦手でなくなる、なんてことも起こります。やってみると、意外とたいしたことのない欠点を自分が大げさに受け止めていたり、イヤだと思っていたところに隠れていた良いところがわかったりして、いつの間にか自分の意識や見方が変わってくるのです。

ぜひお試しください。

③家族をほめてみる

職場で試す前に、まず家族や友人など、身近な人を相手に練習してみましょう。

無理にほめようとしなくても、本章で解説した「ありがとう」への変換や「アイ・メッセージ」、あるいは「おいしいね」など、簡単だけど普段口にできていない言葉をかけてみる、というものでもかまいません。

これまでとは違うことをしてみて、その反応を見てください。

そして、それをしばらくの間続けてみてください。

繰り返しているうちに必ず慣れてきますし、やがてほめ言葉が口グセになってきます。

あるベテラン男性指導員は、意を決して、奥さんに「今日はきれいだね」と言ってみたそうです。

すると奥さんは「何？　悪いことでも企んでるの？」と憎まれ口を叩きながらも、嬉しそうで、それを見て「ほめることは効果があるんだ」と実感でき、教習でも「ほめる」を使う決意ができた、と言っていました。

身近な家族を面と向かってほめるのは恥ずかしい、という人は、コンビニや行きつけの飲食店の店員など、「身近だけれど、親しくない人」で試してみてもいいでしょう。

きっと、あなたの思っていない、良い反応が得られますよ。

「何にでも日記」でポジティブな記録を残す

「ほめる」の練習として私がおすすめするのは、日記です。

私は高校生のころから、1日も欠かさず日記をつけ続けていますが、**日記は文章力と語彙力がつく、起こったことを整理して考えるトレーニングになる、自分の成長を実感できる**など、いろいろな効果があるので、ぜひ試してみてください。

日記を書くときのポイントは2つ。

ひとつは**「何が何でも続けよう」**と決めること。

かわりに、内容はどんなことでもいいです。「朝起きて、夜寝た」でもかまいません。

起こったことを、事実だけ書くようにしてください。思ったこと、考えたことを書くときは、明確に分けて書きましょう。価値判断は、そのときの感情や周囲の状況で簡単に変わってしまいます。それに引きずられないように気をつけましょう。

そして、**必ず良かったこと、ポジティブなことを書いてください。**先の例であれば

「ゆっくり休めて良かった」とか「たまには何もしない日があってもいいと思った」とか、「何もやる気がなかったけど日記だけは書けて良かった」でもよいのです。

どんな内容であれ、起きた出来事をポジティブに捉え、それを記録に残すことが重要なのです。

もうひとつは**「何に書くかを気にしない」**こと。

日記を書こう、と意気込んだとき、書店や文房具店で日記帳を買ってしまいがちですが、ちゃんとした日記帳を準備してしまうと、旅行に行ったときに忘れた、とか、くたくたに疲れたときに「日記のあるところまで歩くのもめんどくさい……」などといったことで、日記を中断してしまう可能性があります。

そこで、日記は何に書いても良い、と決めて、書いたものを貼っておけるノートやファイルを日記帳のかわりにしましょう。これなら手元にある適当なノートやチラシの裏でもいいし、旅先ならワリバシの袋や包み紙の切れ端でもよいので、「書くものがないから」という、書かない言い訳をひとつつぶせます。

また、「普通じゃないものに書いた日記」はすごく心に残るので、後から見返すととても楽しいものになったりします。

私の日記の中で一番思い出に残っているのは「ティッシュペーパーに書いた日」です。ティッシュの薄い紙を破らないように気をつけながら書いたときの情景や、そのときに何が起こったのかは、10年以上経った今でもはっきりと思い返すことができます。

ティッシュはともかく、日記はさまざまな面で「ほめる」に良い影響をもたらします。

ぜひ一度試してみてください。

苦手なもの、嫌いな人をほめる

教習所で実践されていた**「物ほめ」**も良いですね。

ほめるのに役立つ語彙力が鍛えられるだけでなく、後述する**リフレーミング**の力が鍛えられます。

例えば、白いマグカップを「ほめ」てみましょう。

いくつくらいほめ言葉が思いつきますか?

「白さがまぶしい」「シンプルなデザインがいい」「無地なところに無限の可能性を感じる」「器の厚みが唇に心地いい」「入るお茶の量が一服にちょうどいい」「熱いコーヒーを

受け止めてもびくともしない頑丈さ」などなど、思いつく限りほめてみましょう。

当たり前のことでも当たり前に思わず、**ポジティブな面を見つけ出す訓練**です。

ネタが尽きてきたら、「その特徴がなかったら」と考えると、ほめるポイントが探しやすくなると思います。

・「取っ手がない」↓「熱い茶を入れたら持てない」↓「取っ手があるなんてすばらしい」

・「取っ手が大きかったら」↓「持ちにくくて飲んでる途中にやけどするかも」↓「取っ手が持ちやすい大きさ」

・「取っ手が鋭くとがっていたら」↓「飲むたびに手が痛い」↓「丸い取っ手が便利」

このように、マグカップの取っ手だけでもいろいろ思いつくことができます。

そして、物で慣れたら、人や会社であったこと、企画案や失敗した仕事など、実際のビジネスに近いものについてほめてみるといいでしょう。

苦手なもの、嫌いなものを試してみて、最終的に自分の嫌いな人のことまでほめられるようになれば、かなりのほめ力が身についていると言えます。

ひまなときに楽しみながらトライしてみてください。

「リフレーミング」で新しい価値を見いだす

このように、**「ある枠組みの中に捉えられている物事を、違う枠組みで見ることで、新しい価値を見つけ出す」**ことを、心理学用語で**リフレーミング**と言います。新たに（リ）枠組み（フレーム）を作るという意味です。もともとは心理療法に用いられていた手法だそうです。

私はコンサルタントとして、企業の働き方改善や、社員研修などを請け負うことがあるのですが、そのときにもこのリフレーミングを用いた研修を行います。仕事上で起こったこと、特にネガティブなことを、どんなものであれ社員みんなでリフレーミングしてもらいます。

例えばコンペで負けたとしても、「負けたことで、今足りないプレゼン技術がわかった」とか「先方のニーズが理解できた」「先方の窓口になる人と面識ができたから、注文を奪いに行ける」など、すべてポジティブなものとして捉え直していきます。

大切なのは、社長から平社員まで必ず全員でやること。

そして「だまされたと思って」3ヵ月間続けてみることです。

日本人はひとりで何かをするよりも、みんなで行う方が続きやすい性質を持っています。そこで、個別にではなく全員でリフレーミングをし続けることを目標にします。

誰かがネガティブなことを言い出したら、その場ですぐに「じゃあそれをリフレーミングしよう」と声を掛け合い、ポジティブな考え方を体にしみ込ませていくのです。

今まで大小さまざまな企業でやってきましたが、**3ヵ月ちゃんと実施できたところではいずれも業績が改善し、売り上げが2倍、3倍**となることもまれではありません。特に、営業分野で効果が顕著に見られます。

本文でも何度か語られている、「失敗したときにいいところを探してほめる」というのはまさにこのリフレーミングにほかなりません。

失敗から得られる経験、成長など、さまざまな「枠」で捉え直すことで、ポジティブな面を導き出し、それを伝えるのです。

「ほめちぎる教習所」のスペシャル「ほめ表」

対象	タイミング	ほめ方	留意事項
明るい性格の人	その都度	その度、ほめる。	その都度ほめると、指導中の空気が良くなる。
暗い性格の人	教習時間の終わり	まとめで、ほめる。	その都度ほめても、反応がない、または余裕がないことが多いので、締めの停車状態でほめると気持ちに入りやすい。
暗い性格の人	検定など	「この調子なら大丈夫！」	自信がないことが多いので、自信をつけさせる、励ますほめ方が効果的。
運転ができない人	課題ができたとき	ひとつ下の課題を与えて、できたらほめる。スローペースで細かい課題を与える。	課題の与え方がポイント。その人のレベルにあった課題を与える。あまり高すぎる課題や、低すぎる課題では、感動が少ない。
運転ができる人	課題ができたとき	ひとつ上の課題を与えて、できたらほめる。大きな課題を与える。	
うまくできなくて落ち込んでいる人	当日の夜	メールで励ますような内容を送る。「誰でも最初はうまくできない。また頑張ろう！」など。	落ち込んでいるときには、ほめても入りにくいので、あえて時間差でメールをする。

対象	タイミング	ほめ方	留意事項
あきらめが早い人	考えて答えたり、行動したとき	正解をほめるのではなく、「考えたこと」に対してほめる	考えさせる時間を作る。考えたことに対してほめる。
全般	いつでも	①**笑えるほめ方** その場で消えていくようなもの ②**真剣にほめる** 一回作業を止めさせて、考えさせる。本人が気づいた所を真剣にほめる。相手がニコッと内面から笑ってくれるようなほめ方	①は積極的な雰囲気・空気を作る目的 ②は印象づけ。心に残すほめ方。 うまく使い分けをすること。
威圧的な人	話を聞いたとき	本人の話を聞いてからほめる。 「技術的にはすごく上手。ただ、○○を○○したら、もっといい運転になるよ」 「運転技術があるんだから、○○を○○しなくちゃもったいないよ」	本人の主張を認めてから、もっと良くなる方法をアドバイス。
全般	担当外の教習時	「担当の○○先生、教え方うまいやろ?」 「さすが○○先生に教えてもらっただけあってよく仕上がってる!」	自分の担当指導員をほめてもらうことによって本人も嬉しくなる。

対象	タイミング	ほめ方	留意事項
注意を与えたい人	注意を与えたいとき	カウンセリング方式 **①引き出す(問診)** 「今日の教習のSコースのできは自分なりにどうだった?」 「だいぶ慣れてきたけど、時々寄りすぎてしまいます」 ⇓ **②同意・共感** 「そうやな。通り方はよくなってきたけど、出口で左に寄りすぎて危ないときがあるなあ」 ⇓ **③ほめる** 「でも以前に比べると低速も安定してきたし、成功率も上がってきたよ」 ⇓ **④アドバイス(注意)** 「あとは出口で安心して速度が上がって飛び出してしまうときがあるから、出口を出るまで丁寧な低速を保つことができたら、もっと良くなるよ」	カウンセリング方式で進める ①引き出す(問診) ②同意・共感 ③ほめる(気付きや成長を) ④アドバイス(注意) の流れを基本に。 失敗例 ①注意→②萎縮→③気持ちの落ち込み ①注意→②言い訳・反感

対象	タイミング	ほめ方	留意事項
全般	引き継ぎ時	①引き継ぎ時に、できていないところだけでなく、いいところも引き継ぐ。「素直で教えやすい」「優秀な成績」など。 ⇓ ②引き継ぎを受けた指導員は「前回の担当指導員が○○ってほめてたよ」、「○○がすごいらしいね。有名だよ」など。	間接的にほめることにより効果が上がる（間接ほめ）。
進捗が遅れている人	その都度	マイナス事項を意識してほめる。 例えば、申し送りに「低速が不安定」と記入してあれば、「低速が少し安定してきたよ」など、マイナス項目の成長過程をほめる。	申し送りのマイナスは、本人も自覚しているので、その部分の成長を意識的にほめると効果がある。
外国の方（日本語が不得意な人）	いつでも	親指を立てて「いいね！」	ジェスチャーの方が伝わりやすい。ほめる側が口下手なときも良い方法。

対象	タイミング	ほめ方	留意事項
進捗が遅れている人	その都度	①「ナイストライ」 ②よく頑張ってるね ③進歩してるね ④すごいね ⑤親指（ジェスチャー）	使用するタイミング ①失敗したとき ②努力を認めるとき ③成長を実感させるとき ④成功したとき ⑤常時
初めて教習を受ける人	初回乗車時	初回乗車時の対応が第一印象として頭に残るので、何か必ずほめる。 万人にほめやすいのは ①ハンドブレーキの掛け方 ②シートベルトを普段からしているか…など	初回はほめる部分を多く入れ、いい気分で教習が終了できるように心掛ける
検定不合格の人	不合格時	「緊張してしまったんだね。普段は上手にできてるのにな。2回目だと緊張も解けるから次頑張ろう！」	ひとつ「言い訳」を用意してあげるところがポイント。「言い訳」という逃げ道を作ることにより、本人が精神的に楽になる。
チーム全体	学科質問の返答時	「素晴らしい！　皆さんよく授業を聞いてくれてますね」	アナライザーでの正解率の高いときに使う

対象	タイミング	ほめ方	留意事項
学科教習生	学科合格時	「すごい！　よく勉強したな」	結果に加えて、努力をほめる。
ネット学科教習につまづく人	特別指導時	①点数が悪くても、考えて納得いくようになってきたらその部分をほめる。 ②成長過程をほめる。	勉強に取り組む姿勢をほめるようにする。
本免合格し、来校する卒業生	本免アンケート提出時	「すごい！　一発合格やな。さすが南部の卒業生！」	南部の卒業生である誇りが持てるように。
長欠者・遅刻常習者	配車時	「よく来たな！　心配してたんやよ」	ちゃんと時間に来たことをほめる。
検定前で緊張する人	検定前	「○○さんなら大丈夫！」 「今までやってきたことを丁寧にすれば大丈夫！」	今までの努力のつみ重ねをほめる。

第4章

失敗したときこそ、ほめるチャンス！

自発的に動く人材を育てる具体策

ダメな指導者は「できない」を指摘し、いい指導者は「できる」に目を向ける

「ほめる」「ほめちぎる」などというと、ただ相手をおだてたり、きげんを取ったり、ちょっとしたことを大げさにほめると、受け止められることが多いようです。

実際、「はじめに」で書いたように、2013年に「ほめちぎる」教習所をはじめることをプレスリリースした直後は、地元の皆さんや卒業生の方、警察官や運転手など運転に関わる職業の方からたくさんの電話をいただきました。

「免許は人の命がかかるもの、厳しく指導してもらわないと困る」

「ほめるばかりでは厳しさが身につかない、危険すぎる」

「おだてて卒業させて、その人が事故を起こしたら責任が取れるのか」

そういった電話が多かったように思います。

ですが、私たちが行っている「ほめる」は違います。**「ほめる」は、相手を認めること、そしてそれを素直に表現すること**であって、心にもないお世辞を言ったり、ただ「すごい」「すばらしい」と言い続けたりすることとは違います。相手の成長を促す。それがほめることの最大の目的であり、効果です。

「ほめる」教習をはじめてから、多くの指導員から「今までの『叱る』指導は、もしかしたら必要なかったのかもしれない」という意見が出るようになってきました。はじめる前はあんなに反対していたのに……。実際にやってみたら良いことだらけだったのですから、まあ当然ですよね。

かつての「叱る」指導は**「基準に達していないところを指摘する」**指導でした。対して、「ほめる」指導は**「今、基準をどれくらい満たせているかを指摘する」**指導です。

例えば、ある仕事が基準の70％に達している人がいるとします。

「叱る」指導は、この人の「できない」30％に注目します。「できない」ことをつぶして、より完璧な１００％を目指して仕上げていくやり方です。

この方法だと当然ですが、意識は相手の「できない」ところを探すために働きます。つねに、あら探しをしているようなものですね。

こういう人によく出てきがちな言葉が「どうしてこんなこともできないんだ」。

上から目線になり、ついには、相手がうまくできないことに腹を立てたりします。

それに対して、**「ほめる」指導は「今どれくらいできるようになったか」を探し、伝える指導**です。先の例で言えば、「できる」70%の部分を伝えてあげるのです。

最終的にできなかったとしても、それがどのくらいまでできているのかを重視し、相手の成長している点を伝えます。

その上で、「残りのこの部分を、うまくやれば完成する」と教えるのです。

教習でなら、こんな感じです。

ミッション車の運転で発進、停止、ギアチェンジに四苦八苦し、ギアチェンジのたびに、ガツンと衝撃がきてしまう生徒がいます。

普通なら、できていない半クラッチのことを、まず指摘してしまうでしょう。

でも、**できているところ、ほめるところはたくさんあるはずなのです。**

「クラッチを怖がらずに、思い切って上げているところが良かったよ」
「アクセルの踏み方も良かった」
そしてその後に、
「半クラの感じがつかめたら、もっと良くなるよ」

この指導に切り替えてから、生徒の飲み込みは、できないところを重点的に伝えていたころよりも、むしろ早くなりました。

言われた側も、自分の成長を理解できるので、失敗の原因がわかりやすく、改善しやすくなるのでしょう。些細な言い方の違いのようですが、この差が大きな違いになるのです。

「今、山の何合目にいるか」をはっきりさせた上で、残りの登り方を教える

では、具体的にはどうすれば「叱る」から「ほめる」指導に切り替えられるのでしょう。

実は、「叱る」指導をしていた人にとっては、それは難しいことではありません。

ある指導員が言った言葉があります。

「『できない』部分がわかるということは、『できる』部分もわかるということなんですよね。**自分に知識や経験があると、『できる』状態が当たり前になってしまっていたのですが、意識して見るだけで『できる』7割が見えてくる**ようになりました」

すでに100%できるあなたにとって、その70%は取るに足らない、当たり前のことかもしれません。

しかし、教わっている側にしたらどうでしょう。

70%に至るまで、考え、試行錯誤したのではないでしょうか。

しかも、たいていの場合、**教わる側は自分の完成度がどれくらいかがわかりません。**

それは、すでに完成され、技術ある指導者が伝えてはじめてわかることなのです。

「自分は今、山の何合目にいるか」をはっきりさせた上で、残りの道の登り方を教える――それが私たちの「ほめる」指導なのです。

私は、企業の人事部に、若手人材の育成のアドバイスをすることもあるのですが、この**「成長を実感する」体験は、モチベーションを維持するために欠かせない要素**です。優れたマネージャーは、部下にどれくらい成長しているかを伝えることが上手です。そうやって、**相手のやってきたことが間違っていないことを伝えるだけで、部下のパフォーマンスが格段に上がる**ことを知っているのです。

口ベタでいい。観察力を磨き、聞き上手になれ

観察力を磨くこと。聞き上手になること。

この2つを意識すると、あなたの「ほめる」は格段にレベルアップします。

○観察力を磨く

「ほめる」ためには、前回と比べて良くなっているところはどこか、できないことでも、どのあたりまでできているか、これを意識して観察する必要があります。

人はどうしても先入観に捉われがちです。

一度、先入観に捉われてしまうと、他の人には見えているのに、あなただけが見えなくなる、「はだかの王様」状態になってしまいます。観察力が鈍ってしまうんですね。

ですから、**なるべく先入観に捉われずに相手を見ること。**

それが観察力を磨くコツです。

ほかにも、ちょっとした仕草、特に顔や手のパーツを触る仕草には、人の精神状態が出やすいと言われています。

例えば「嘘をついているときは、口元を触る傾向がある」、「髪の毛をよく触るときには、不安を感じている」……など、あなたも聞いたことがあるのではないでしょうか。

意識して相手を観察するクセをつけてみてください。

○聞き上手になる

これは、**相手のほめるポイントを見つける上で、とても役立ちます。**コーチングではよく「相手の話を傾聴する」と言いますが、ほめるときも同じで、相手の話をじっと傾聴し、話の中に隠れているたくさんの「ほめる」のヒントを聞き取ります。

あるベテラン指導員は「自分の孫と話すときのように」とたとえていました。目に入れても痛くないほどかわいい孫が、自分に何かを話しかけようとしていたら、その内容にかかわらず、頷きながら丁寧に話を聞くだろう、と。

的を射た、とてもよいたとえだと思います。

必死で話を聞いたり、丁寧に話を聞くというのは、「あなたは私にとってとても重要な人ですよ」というしるしになります。

そのような聞き方は「ほめずにほめる」という行為です。**相手の自己重要感（「自分が大切にされている」と感じること）をＭＡＸまで上げる聞き方が、最高の「ほめる」聞き方です。**

こうして〝目〟と〝耳〟が養われると、より具体的に、的確な指示で人を動かせるようになっていきます。

では次から、ほめることで、生徒に実際どんな変化が起きたかについてご紹介します。

ほめて変わった！
その1

「失敗」で萎縮してしまう人

失敗を「伸びるチャンス」に変える！

ある生徒は、いかにも優等生といった感じの人でした。

初回の研修のときから「私、叱られるのがイヤなんです。叱られないように頑張ります」と言っていたのが印象に残っています。

彼女は器用で運転自体は上手でしたが、ちょっとした失敗でもすぐ「すみません」と、シュンとしてしまいます。叱られる前から、叱られることに怯えている……そんな印象でした。

そこで、指導員はあえて難しいS字クランクに行かせました。

もちろん、彼女の腕前ではうまくいかないのはわかっています。

案の定、彼女は脱輪し、あわてながら「すみません、すみません！」と謝ります。

しかし、指導員の狙いは失敗をほめることにありました。

「脱輪はしたけど、スピードの調節はばっちりだった」

「目線の位置はよかったから、今度はもう少し左側にハンドル切ろうか」

などうまくできている部分をほめながら、修正すべきポイントのアドバイスを送ります。叱られると思っていたのか、きょとんとした顔の彼女。

その後も何度か似たようなやりとりを繰り返した結果、彼女はだんだんミスを恐れず緊張することも少なくなりました。すると、自然にアドバイスの飲み込みが早くなり、習得速度もアップしたのです。

失敗してもいい。「挑戦した」ことに価値がある

失敗したら叱られる！

世間にはそういう考え方が染みついてしまっている人が少なくありません。

あなたの周りにも、こんな人はいませんか？

叱られることを恐れて、なかなか物事を決めずに、引き伸ばす人。

叱られるのがイヤだから、些細なことでも上司にはかる人。

叱られたくない一心で、失敗を隠す人……。


「失敗」が怖い人は、ふだんは優秀で、真面目な人が多いようです。

特に、子供のころからほめられた経験が少なく、叱られることが多かった人は、成功に向けてチャレンジするよりも、失敗しないように慎重にふるまうようになります。

人は誰しも「あ！　失敗しちゃった！」という瞬間に、脳内で小さなパニックが起こり、冷静な判断ができなくなってしまいます。

それまで叱られ続けてきている人ほど、この反応が顕著になり、**いくらアドバイスしても頭に入っていかなくなり、判断力が失われてまたミスを引き起こす、という悪循環にはまる**のです。


けれどそもそも、失敗すること自体は悪いことではありません。

失敗するということは、新しいことに挑戦しているということだからです。
むしろ私は、伸びるチャンスだと思っています。

部下が失敗したなら「ここが伸びるチャンス！」だと思って、まずはできているところを、ほめてみてください。そしてその後でひとつだけ、改善点を伝えてください。

「あいつは失敗ばかりで成長しないなあ…」とぼやきたくなるような部下も、失敗から学び、自ら成長をはじめます。

とはいえ、何度言っても失敗する人は、やっぱり叱ったほうがいいのでは？　と聞かれることもあります。

でも、当の本人は失敗していること、そしてその失敗で他人に迷惑をかけていることを自覚しているものです（まわりからそう見えなくても、ほとんどの人は失敗を自覚しています）。

そういう人こそ、「ああ、またやっちゃった……」と萎縮《いしゅく》して冷静な判断ができなくなっている場合が多いので、まずは、**「失敗してもいいんだよ」と、脳のパニックを鎮め**

てあげることが大切です。そのうえで、**「どうして失敗したのかわかる？」**と「失敗した原因」に目を向けるように促してあげてください。

一度、別の「本人が得意な仕事」をお願いして、それを失敗なくやってもらうことで自信をつけさせたら、前回失敗したことも難なくこなせるようになった、という例もよくあります。

それでも失敗が続くなら、そもそも指示の出し方が適切なのか、振り分けた業務がその人の成長のステップに見合っているのか、という、基本的なことを見直す必要があるでしょう。

ちなみに、失敗したときの究極のほめ方は、「挑戦する姿勢」そのものをほめることです。「コンペは負けたけど、いい提案だったな（だから次はうまくいくよ）」といった言葉がそれで、このほめ方を「挑戦ほめ」と呼んでいます。

これは「今はうまくできていないけど、君が挑戦しているところはちゃんと見ているからね」と伝える言葉です。

この「ちゃんと見ている」と、伝えるところが非常に重要です。
愛情の反対は、怒ることでも、叱ることでもなく、「無関心」なのです。

失敗はむしろ伸びるチャンス！
「失敗しても大丈夫」と思える環境が、そこから学びを得る余裕を作る。
失敗してあせってしまう人には、「ドンマイ」ではなく「ナイストライ」。

ほめて変わった！
その2

「でも、だって」と何も変えない人
「君ならできる」で自己効力感を取り戻す

その生徒は、ついスピードを出しすぎて暴走気味になることがありました。そのため、確認作業を忘れたり、追いつかなかったり。なかなか次の教習に進めません。落ち込んでいる彼に、指導員はこう伝えました。

「運転に慣れるのも早いね。しかし惜しい。スピードを出しすぎることがあるよね。道路は他の車も走ってるからね。まわりとの調和が何より大切なんだよ」

すると彼はこう答えました。

「でも、それって難しくない？　僕には無理だよ」

「だって、気をつけてるけどスピードが出ちゃうんだよね」

「でも、だって」がログセ。自分ができないことに、とたんに尻ごみし出すのです。

そんな彼に指導員がかけた言葉が「君ならできる」でした。

「君ならできる。車の操作に慣れるのも早かったからね。これで周囲との調和がとれれば、運転がぐっとうまくなるよ」

無理に先に進めようとするのではなく、背中を押してあげるひと言です。

しばらく考えて、彼はこう答えたそうです。

「わかった。やってみようかな」

自分からこの言葉が出てくれば、こっちのものです。

「でも」の裏には不安が隠れている

何か困ったことを相談してはくるけれど、どんなアドバイスをしても**「でも、だって」**と結局何も変えない。こういう人、いませんか？

そういう人は、ただグチを聞いて欲しいだけで、最初からアドバイスが欲しいと思っていない場合もあるのですが、「変えたい」と思ってもネガティブな考えが次々にわき出してしまい、変えるための一歩を踏み出せずにいる人も多いのです。

自己効力感（「自分ならできる」という期待感や自信）が弱く、ほめられても「どうせ私なんて」という思いが勝ってしまう人です。

グループプロジェクトにこのタイプの人が混じっていると、よく言えば慎重に物事が進むのですが、悪く言えば進行が遅くなり、しまいにはすべてが停滞するようになります。

「そんな大規模なプロジェクト、僕には経験がないので無理です」

「だって、競合が厳しいし、予算も少ないですよね？」

「でも、今までのやり方でいいじゃないですか」

こういう言葉が続くと「やる気がないのか！」とイライラしてしまいますが、**実はこの言葉は、自信がないことへの裏返しとして出てくるものです。**

仕事だけでなく、人間はいつも心のどこかに不安を抱えています。

将来への不安、生活や経済面での不安、人間関係への不安。

理由がはっきりしている不安もありますが、「でも、だって」が口グセになっているタイプの人は、漠然とした不安に捉われてしまっていることが多いのです。

「君ならできる」は、そんな相手の背中を押してあげる言葉です。君にはそれを満たす能力が備わっている、という「ほめる」と、できるという「励ます」が、合体している言葉なんです。

ちなみに、このタイプの人は、本来は建設的に考え、シミュレーションすることが得意なので、背中を押してあげれば、前向きな具体案を少しずつ相談してくるようになります。

そのときにも、自分なりに考えていることを、まず受け入れてあげてください。

「私もそう思うよ」「良い考えですね」「だから実践しましょう」と。

無理強いではなく、そっと背中を押してあげた方が、人は大きく変われるのです。

自信が持てない人には、まず相手を認めるところから。
その上で行動の背中を押す。
「行動したこと」を認めることも忘れずに！

ほめて変わった！
その3

苦手意識が強い人
目標の細分化と「成長実感」で自信をつける

S字カーブでつまずき、苦手意識を持ってしまう生徒はたくさんいます。

そうした生徒に、ある指導員が行ったことが、目標を細分化して伝えることでした。

まずは「S字に入るときの左側の幅に気をつける」、「S字に入るときのスピードに気をつける」こと。

それができたら、「入る前に理想的な通り方をイメージする」こと。

さらには、「前輪の位置を大よそ把握する」、「後輪の位置を大よそ把握する」、「安全な軌道を描き微調整する」など。

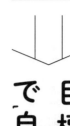

S字カーブができるまでには、いろいろな「できないといけないこと」が隠れているわけです。

この「いろいろ」は、指導員にとってはわかりきったことですが、はじめて経験する生徒にとっては（当然ながら）何から気をつければいいのか、どれが重要なのか、わかりません。

これを分解し、噛《か》み砕いて伝えるのが教える側の仕事。

ひとつひとつを確認しながら進むことは一見遠回りに見えます。

でも、「自分ができているところ」がはっきりとわかる、しかもそれがどんどん増えていく！ という実感を得られるように指導することで、その生徒はみるみる苦手意識を払《ふっ》拭《しょく》することができました。

彼はS字カーブを乗り越えたことをきっかけに、壁に突き当たったときには、自分で具体的にステップを細分化するようになり、普通の生徒よりも短い期間で卒業していきました。

がむしゃらに頑張るよりも、目標を細分化したほうが成長が早い

第3章の最後でも「目標は具体的に」と述べましたが、**人の成長には、目標の明確化、**

細分化が必要不可欠です。

目標が成長をはかる「モノサシ」となり、その「成長している実感」がモチベーションを保つ大きな力となるからです。

細分化には、達成までの手段や道筋がはっきりするというメリットもあります。

目標があいまいだと、なかなか達成することができなくなり（そもそも、達成できたかどうかがわからない……ということになりがちなので）、当然のことながら達成しようとする意識も弱まってしまいます。

前述の例でも「S字ができるようになる」では、ぼんやりしてわかりにくかったモノサシが、目標を細分化したことで、はっきり見えてくるようになっていますよね。

「何事も経験だ」が口グセだったり、部下に仕事を振るときにプロジェクトを丸ごと投げてしまっている方もいるでしょう。

しかしこれは、部下の成長を考えると「もったいない」と言わざるを得ません。

もちろん、目標の細分化には手間がかかります。

仕事の目的やプロセスが正しく理解できていなければ細分化はできませんし（仕事を振る上司ですら、それを理解していないこともよくあります）、細分化した目標が達成されるたびに確認したり、評価しなければならないからです。つい面倒に思ってしまうこともあるでしょう。

しかし、**最初は細分化が必要でも、そのプロセスを通じて「どう細分化すればいいか」を学んだ部下は、自分で目標を細分化できるようになります。**

そのレベルまで成長できれば、プロジェクトを丸ごと投げてもよい人材に成長したと言うことができます。

当事者は成長していることに、なかなか気づけない。
だからこそ、目標を細分化する。
成長を目で見えるようにすれば、勝手に人は伸びていく。

ほめて変わった！
その4

ふてくされて反発する人「YES－BUT」で理由を考えるようになる

例えば教習中に急ブレーキを踏んだ生徒がいたとします。急ブレーキは大事故にもつながる危険な運転です。叱らなければならないとき、どう伝えたら一番伝わるのでしょうか。

「何をするんだ、危ないだろ！」

そう叫ぶのは簡単ですが、まずは、相手の行為をいったん受け入れてみます。

「急ブレーキを踏んだということは、危ないと思うことがあったのか？」

そう思い当たったなら、その原因を探ることも難しくないでしょう。

「今、急ブレーキを踏んだけど、何か危ないと思ったの？」

そう理由を確認して、その上で急ブレーキが適切だったかを聞き取るのです。

「あの車が出てくると思った」

「なるほど、よく見てたね。ただ、急に止まったら後ろから追突される危険があるよね。まずは止まれる速度まで落とすことが大切やんか」

「確かに。急ブレーキは危険ですよね」、彼は反発することなく理解してくれました。

そして、「ちゃんと確認してくれるんだ」と、生徒との信頼関係も強くなったのです。

相手を受け入れながら叱る、「YES－BUT」法

叱ることがすべて悪い、とは私は思っていません。

ただ、叱るときには同じぐらい、あるいはそれ以上にほめてあげてください。

相手の能力を引き出せるかどうか。

それは、ほめるか、叱るか、どちらを選ぶかで大きく変わってしまうのです。

どうしても叱る必要があるとき、ぜひ試して欲しいのが**「YES－BUT」法**です。

ビジネス書ではセールステクニックとしてよく出てくるのでご存じの方も多いかもしれません。

指導者的な立場にある人ほど、ついつい「正してあげなくては」という心が働いて、注意から入ってしまいがちですが、人間、面と向かって注意されると、いくらその意見が正しくてもムッとしてしまったり、素直に受け入れられなくなってしまうことがあります。

そこで、まずいったん相手の意見を受け止めた上で違う意見を言うのが「YES－BUT」法です。

相手に反論したいときでも、「なるほど、そうだね（YES）」と一度受け止めてから「そういう考え方もあるとは思うけど……（BUT）」と反論する、という話し方です。

ここで重要なのは、受け止めたときに、正しいと思う点をきっちりほめてあげることです。**自分の意見が肯定的に受け止められたと感じたとき、相手はこちらにシンパシーを感じます。**そうした下地を作った上で、今度はこちらの意見を伝えます。

ただし、ときどきやりがちなのですが、一度「YES」と受け止めたからといって「でもね」と続けて真っ向から反論するのはよくありません。それは「自分の意見を言いたいがために受け止めただけ」にすぎず、一度受け止めた意味が薄まってしまいます。

大切なのは、相手の意見をしっかり受け止め、その意見を尊重した上であなたの意見を伝えること。

相手を尊重せずに「YES－BUT」を使っても、効果はないのです。

ガマンなんて必要ない「カッとしない」諭し方

「YES－BUT」をすすめる理由はもうひとつあります。

「YES－BUT」を実践しようとすると、相手のしたことを一度受け入れる時間が必要になります。

第1章の坪田先生のコラムに「怒りのピークは6秒で過ぎる」という話がありましたが、「YES－BUT」をやろうとすれば、自動的に6秒くらいはかかりますから、カッとなって怒鳴りつけることが少なくなります。

「よくできた。でも惜しい！」

こういう言葉を使ってみるのもよいでしょう。

「さっきの接客良かったよ。でも惜しい！　君らしくないところがひとつあった」

こういう言い方をされると、相手は必ず「何がだろう？」と〝らしくない〟点に興味を向けます。「何が悪かったのか」と考える時間ができることで、相手にアドバイスが入っていきやすくなります。

「どうしてそんなミスをしたんだろう」

「どんな理由や原因があったんだろう」

そう考えるクセをつけてみて下さい。

直したいところを一方的に押しつけても、相手にはそれを拒む反発力が生まれます。

感情にまかせて叱っても、誰も得をしません。

「押してダメなら引いてみろ」

いったん相手をほめて、受け入れてからアドバイスを送ることで、相手にあなたの言葉を受け入れる下地ができるのです。

人のミスや間違いを「どうしてだろう」と考える習慣を持つだけで、部下やお子さんのあなたを見る目が、確実に変わってきます。

どちらが効果的なアドバイスだと思いますか？

「お前はおおらかな性格で職場のムードメーカーだ。でも、時間にだらしないところがあるから注意しろよ」【ほめてから叱る】

「お前は、いつも時間にだらしない。でもおおらかな性格で職場のムードメーカーになってるな」【叱ってからフォローする】

ほめて変わった！
その5

人の話を聞いていない人
実は教える側に原因あり。育てるべきは信頼関係

「人の話を聞いていないからだ！」と怒る人はよくいます。

でもその「話」は、本当に相手に伝わっているのでしょうか？

ほめる講演でよく実施するワークショップがあります。

会場の人全員に「四角の上に丸を書いてください」と伝え、その場で書いてもらいます。そしてそれを隣の人と見せ合ってもらうのです。

すると、驚くべきことが起きます。

丸の下に四角を書く人が多い中、四角の中に丸を書いている人、四角に交わるように丸を書く人、図ではなく漢字で「丸　四角」と書いている人など、いろんな人が現れるのです。

「四角の上に丸を書いてください」

たったこれだけの指示でも、こんなにもさまざまに解釈され得るのです。

さてここで、もう一度聞きます。

あなたの話は、本当に相手に伝わっているのでしょうか？

「相手が話を聞いていない」のではなく
「あなたの話が伝わっていない」だけ

「ほめる」もそうですが、言葉というのは相手に伝わってはじめて意味を持つものです。

いくら美辞麗句を連ねても、あなたがどんなに相手を思いやって言った言葉であっても、相手に伝わっていなければ意味はありません。

いくらあなたが「人の話を聞け！」と怒鳴ったとしても、その話が相手に理解できるものでなければ意味がないのです。

伝えるためには2つ注意すべきことがあります。

ひとつは「あなたの指示が、具体的かどうか」（先の例のように、解釈はさまざまにあるのですから）。

そしてもうひとつ、とても大切なことは、**「あなたと相手の間に信頼関係があるのか」**です。信頼関係がない相手の言葉は、どんなに重ねても相手の中に届きません。

これまでも繰り返し書いてきたように、「ほめる」とは相手の心を開くことであり、信頼関係を築くことです。そして、**相手を観察することでもあるので、ほめ続けることで相手に届きやすい具体的な指示が出しやすくなっていきます。**

「結局、私が叱っていたのは、私の説明が伝わっていなかったところだったんですね。そう思うようになってから、教習中にイライラすることが減ってきました」

教習所で「ほめる」をはじめてから、年配の指導員がぽつりと漏らしたひと言が、とても印象に残っています。

年配のコワモテで、厳しいことで有名だったその指導員も、今では「ほめる」を使いこなし、話し上手・説明上手な人気指導員になっています。

人の心を変えることは難しいですが、自分のやり方を変えることは難しくありません。

相手のダメなところでなく、よいところを探す「ほめる」の目を持って、あなたも変わってみませんか。


信頼関係を作って、はじめて話が相手にすんなり届く。

変えるなら、他人の心よりも自分のやり方を変えるほうが、早くて確実。

「いまどきの若い人を指導できない」という方へ

「最近の若い人は」なんて言い古された言葉があります。

古くはエジプトのピラミッドにそんな落書きがあった、なんて真偽不明の話もありますが、現代でもこの言葉は使われているようです。

いわく、「最近の人は反応が薄い」「熱意が少ない」「やる気がない」などなど。

だいたいが平成生まれ前後の人に向けられたもので、いわゆるゆとり・さとり世代と言われる人を指して言うことが多いようです。

しかし、私が見る限りこの世代の人たちがやる気がないなんてことはありません。

確かに、私たちとは違う考え方をする世代だな、と感じることはあります。

個人的には、**1991年以降に生まれた、バブル時代を経験していない人たちは、明らかに感覚が違う**ように思います。

私の見るところ、**彼らは私たちよりも合理的、科学的に振る舞う人たちだと思います。**

無駄なこと、非合理なことを好まず、目上の人が相手でもそれを平気で口に出します。

「それ、やる意味あるんでしょうか？」

部下からそう言って拒まれた上司は「いまどきの若者はやる気がない」などと口にしてしまうのかもしれません。

「定時なので帰ります」

「飲み会が苦手なので、お先に失礼します」

それはときに、私たちの世代が続けてきた、ある種非合理的な「しきたり」の否定であるかもしれません。しかもそれは、理屈で言えばそのとおりなので、こちらも反論もできずに言葉に詰まってしまう……。

そうなれば、ますます若い世代へのもやもやが大きくなることもあるでしょう。

しかし、**明確な目標と合理的な方法論を示してあげれば、彼らはちゃんと熱意をもって事に当たりますし、大いにやる気を見せてくれます。**

むしろ、分野によっては合理性を発揮して、無駄なくスマートに進めてくれます。

そこから考えると、**彼らに拒まれるのは、その内容が非合理的であったり、彼らのモチベーションを刺激できない指示だったから、**と考えることができます。

逆に言えば、彼らに合ったやり方で、具体的にやって欲しいことが伝えられるなら、彼らは十分に能力を発揮できるということです。

そして、そのやり方のひとつが「ほめる」であると考えます。

部下をうまく扱えない、コントロールできないと思っている人は、少し考えてみてください。

ここ1週間で、部下を何回ほめましたか？

悪いところばかりを見つけ出しては、注意を繰り返していませんか？

「ほめている」という人も、そのほめ方は具体的なものだったでしょうか？

「ほめても、どうもうまくいかない…」という人は、多くの場合、具体的でなかったり、相手のほめてほしいと思っているところと違う、見当違いなところをほめていたりします。

例えば、ある成功に対して「成果を『よくやった』とほめられる」ことを喜ぶ人もいれば、「成功まで努力を続けたことをほめられる」ほうに、より喜びを感じる人もいます。

相手がどんなタイプであるか、どんなほめ方がいいかは、あなたが見極めるしかありません。

ただ、ひとつだけ言えることは、ほめることが、「相手を見ているよ」「認めているよ」と伝える手段であるということです。

だから、いいところがあったらこまめにほめることが大切なのです。

そうやって、相手との信頼関係を築くことができれば、「ほめ」がより人を育てる下地となるのです。

日本はすでに少子高齢化の時代に突入しています。

かつてのように、大勢の若者をふるいにかけて、生き残れた者だけを使うというやり方が通用しなくなってきたのは、売り手市場となっている最近の就職市場を見ても明らかです。

「一部のエリートに頼る」のではなく「みんなを底上げして働けるようにする」時代がやってきたのです。

世界で証明される「ほめる」の力

つい先日、『スーパープレゼンテーション』という番組で、ニューカッスル大学の教育科学者スガタ・ミトラ先生のＴＥＤカンファレンス「自己学習にまつわる新しい試み」というプレゼンテーションを拝見したのですが、ここでも「ほめる」の効果が大きく取り上げられていました。

スガタ・ミトラ先生は、富裕層の子たちが誰に習うこともなくパソコンの操作を学んでいるのを見て、貧困層、遠隔地の恵まれない子供たちでも同じことができるのではないかと考えました。

そこで彼は、インド各地に自由に使えるインターネット環境を与えて自分で学習できるようにし、課題だけ置いて放置しました。すると、子供たちはわいわい言いながらコンピュータをいじくり回し、互いに教え合って、わずか4時間ほどでひと通りの使い方をマスターしてしまったそうです。

そこで彼は、そのコンピュータを置いた場所に「おばあさん役」を置くことにしました。

おばあさん役の人は、そこで何も教えません。ただ、**コンピュータをいじる子供たちの後ろで「いいね」「すごいね」「それ何？」「もっと見せて」などと言い続けます。**

この実験を2カ月行った結果、おばあさん役のいない場所では30％の得点が得られていたのですが、おばあさん役のいる場所では50％の得点が得られたのです。

この得点は、インドでも上流階級に属する、ニューデリーの学校の生徒が取る得点と同レベルだったそうです。

この報告は、「ほめる」の効果を顕著に表したもののひとつと言えるでしょう。

ただ子供たちを見守ってほめ続けるだけで、遠隔地の子供たちでも富裕層の子たちと同レベルの学びが得られるのです。

あなたがほめながら適切な指導をしたら、どんなにすばらしいことが起こるか、想像してみてください。

第5章

ほめにくい人をどうほめる？

タイプ別「やる気を引き出す」コツ

困ったときは性格別の「ざっくり3タイプ」分類で、「ほめ」が届きやすくなる！

「ほめる」を実践していると、うまくほめることができないこともあります。

いくらほめてみても相手の反応がなかったり、「おだてている」と受け取られたり。

ある人にはものすごく効いたほめ言葉が、ある人には、まるで効果がなかったり。

「ほめる」は相手のあることですから、相手の個性や、そのときどきの状況に合わせないと効果を発揮できません。

私たちは数千人の生徒を教えてきた経験から、人は性格・行動・反応などから、ざっくり3つのタイプに分けられると考えています。

このタイプとは、**「いい人」「しっかり者」「天才」**の3タイプで、おおよそ4割弱、4割、2割強くらいの割合で存在しているようです。

	いい人タイプ（MOON）	しっかり者タイプ（EARTH）	天才タイプ（SUN）
発生比率	35%	40%	25%
上の比率を見た結果	多くも少なくもない うれしい	一番多い 勝った	私は選ばれた人間だ
良く使う言葉	「なんで」「どうして」 「なるほど」「すみません」	「一生懸命」「活用」 「納得」「ありがとう」	「すごい」「面倒くさい」 「絶対」「とりあえず」
響く言葉	「あなたしかいない」	「一生懸命頑張ってるね」	「さすがだね」
人生観3分類	みんなと和気あいあいと生きたい 「世のため、人のため」	自分の都合を最優先して自立して生きたい 「マイペース」 「ライバル」	枠にはめられず自由に生きたい 「インターナショナル」 「すごい自分」
大切にしたいもの	愛情・友情・使命感 （形のないもの）	結果・数字・お金・喜び （形のあるもの）	権威・権力・組織 （ハクをつけるもの）
謝り方	すぐに何度でも謝る	言い訳をしがち	一度謝ればおしまい
買い物	店員の対応が良い店	自分で選べて、店員がつきまとわない店	有名な店、 ブランドショップ
優先順位	まず『相手』 相手の意見を先に聞く	やっぱり『自分』 自分が納得し、相手の意見は聞くが、妥協しない	気分次第、S極とN極の両方がある
営業マンなら	自分を売り込む	商品を売り込む	会社を売り込む
話の仕方	前置き・起・承・転・結 （話を最後まで聞く）	結・起・承・転・結 （結論から話す）	転・結・転・結・転・転… （相手の気持ちに合わせる）
一言で表すと	うっかり	しっかり	ちゃっかり
よく見るテレビ	ドキュメント （答えがない番組）	クイズ番組・サスペンス （答えやオチがある）	一話完結や スポーツ番組
顧客への対応	笑顔が大切 相手に言いやすい状態を作ってあげる 何度も会う	干渉はしない あいまいな対応はしない 質問されたら相手が納得するまで応える	ポイントをおさえて、 要領よく伝える 書類にして渡す 早急に対応する

出展元 ISD個性心理学協会

教習所では、生徒だけでなく、指導員もこの3つにタイプ分けして、指導やコミュニケーションの参考にしています。

実際の教習では、初対面の生徒でも効率よく指導できるように、事前アンケートをもとにした統計学と分析学に基づく手法で、より詳細なタイプ分けを行っています。ただ、職場などでは、相手をよく観察して、どのタイプに当てはまるかが何となくわかれば、それで問題はありません。

ここでは各タイプの一般的な性格と、それぞれに対し、どのような指導を行うかの解説を行います。「ほめる」がうまくいかないとき、相手に合ったほめ方をしているかどうかの参考にしてください。

人とのつながりを大切にする「いい人」タイプ

「いい人」タイプの人は、『みんなと和気あいあいと暮らしたい』と考え、行動する人です。愛想が良かったり、はきはきと返事をするなど、明るいイメージの人が少なくありません。

相手の目線や表情で人の態度や気持ちを確認するため、無愛想・無表情な人が苦手なことも。逆に、共感しやすい人、共通点の多い人とは話しやすいと感じます。

人と人とのつながりを大切にし、職場でもコミュニケーションとコンセンサスを重視します。

独断や独走を好まず、ミーティングで決めていくのを好みます。

決めごとのときには人の話を先に聞いてから自分の意見を口にします。

人の話は最初から最後まで聞くタイプなので、結論だけポンと言われてもなかなか納得できず、「なぜ」「どうして」と質問してくることもあります。

逆に、納得できれば多少イヤなことでもそのまま受け入れます。納得できないとうまくできなくなったり、先に進めなくなってしまうこともあります。

自分が話すときは前置き・起・承・転・結と筋道立てて話すのを好みます。聞いている人によっては話がくどくどしく感じられるかもしれません。

納得しないと動けないから、理由をきちんと説明する

「いい人」タイプの人は一から十まで説明する・されるのが好きなタイプなので、いきなり結論だけ与えても納得しません。

そこで、**ほめるときには、ただ「いいね」だけでなく、「なぜならば」をつけ加える『理由ほめ』が有効です。**

指導の際にも「こうするのはなぜなのか、どう役立つのか」といった原理原則を含めて伝える方が、学習効果が高くなります。

逆に「習うより慣れろ」方式で指示を出すと、何のためにしなければならないのか……など余計なことを考えはじめて、うまくできなくなることも。

また、納得していない部分があるとそこから進めなくなってしまうことがあるので、一度にあれもこれもと進めようとしない方が無難です。話をひとつするごとに、質問がないか確認するくらいでちょうど良いでしょう。

人の輪を好むタイプなので、話しやすい環境を作ってあげると、生き生きとコミュニケーションを取り出し、職場全体の空気を良くしてくれます。

こまめに話しかけて「いつも気にかけている」と態度で示したり、マメにメールやSNS等を使って信頼関係を作っておくのもよいでしょう。

共感や協調を喜ぶタイプなので、家族や友人、共通の趣味の話題などもよいでしょう。打ち解けると向こうから話題を振ってくることが多くなるので、話題に困ることが少ないタイプと言えます。

「いい人」タイプの取り扱い説明書

- 納得するまで進めない！ 一から十まで説明するくらいが丁度よい
- 根拠のわかる「理由ほめ」が効く
- コミュニケーションのポイントは「話しやすさ」と「共感」

あやふやなことが苦手な「しっかり者」タイプ

「しっかり者」タイプの人は、良くも悪くもはっきりしている人です。

自分のペースで自立していきたい。自分は自分、他人は他人と割り切って生活できる。

そんなタイプです。

ゴールまでの最短距離を進みたいと考え、無駄や遠回り、考えさせられることが好きではありません。

じっくり考えるより、まずやってみてから考えたいタイプです。
したがって、話すときは、まず結論を言ってからそのあらましを説明することが多く、
中には、結論だけで説明しない（聞かれてはじめて説明する）というツワモノも。
話を聞くときも、くどくど説明されるよりも、ポイントをまとめて要領よく説明される

のを好みます。

また、成功・失敗の見本とゴールだけ与えておけば、自分で工夫して前に進んでいこうとします。一方で、自分のルールを優先してしまい、守るべきルールを破ってしまうこともあります。

好き嫌いがはっきりしていて、メリットが明らかな行動を好みます。成果や成長がはっきり表れることや、キャンペーンやイベントなど自分にお得感のあるものを好みます。

一方で、あやふやな態度や言い方、はっきりしない方針などを嫌います。

ビジネスでは何事もはっきりさせるのを好み、あいまいな対応を好みません。

相手の話を聞く耳はあるのですが、自分が納得するまで妥協しない傾向があります。

優先順位をはっきりさせながら、自分のペースで問題を処理していきます。

できる人、やり手だと思われたいタイプです。

これまでの人生で成し遂げてきたことを自慢することもあります。

まず結論を。いい見本を示せば勝手に動き出す

「しっかり者」タイプの人には、長い説明は必要ありません。結論と最小限の説明があれば動き出します。

説明が必要なときも、ゴールを明確にし、ポイントを絞って教えます。

ただし、納得できないことがあると進まなくなるので、質問にはあいまいな対応はせず、相手が納得するまで具体的に答える必要があります。また、良い見本・悪い見本があれば、それを示すだけで、そこから必要なことを学び取ろうとしてくれます。

基本的に、成果や成長がすぐ見えるのを喜ぶので、**うまくできたり成長が感じられたら、その場ですぐにほめる『すぐほめ』が有効です。**

また、「できる人」に扱われるのを喜ぶので、ほめるときは「やり手だね」「一生懸命頑張ってるね」などのほめ言葉も効果的。

マイペースな傾向が強いので、過度の干渉はせず、重要なポイントを押さえるように関わるのがよいでしょう。

「しっかり者」タイプの取り扱い説明書

- ×長い説明、〇結論+具体的な説明
- あいまいな態度や言い方を嫌うので、質問には具体的に答える
- 目に見える利益・成果・成長を好むのでうまくいったら「即」ほめる

理論より感性「習うより慣れろ」の「天才」タイプ

「天才」タイプの人は直感で生きているタイプ。

人によって違うところが多く、数は最も少ないながら、3タイプの中で最もバリエーションに富んだタイプと言えます。

感性や感覚で生きているので、長い話や説明は基本的に聞いていません。枠にはめられず自由に生きたいと考えます。根拠のない自信があり、プライドも高いので扱いにくいことも。面倒くさいことをイヤがり、興味がないことはやらない、聞かないという人も多いです。決めつけや押しつけ、枠にはめようとするとたちどころに反発されます。

説明よりはまずやってみる、習うより慣れろを地で行くタイプです。

集中力が長続きしないことが多いですが、かわりにここ一番の集中力は抜群です。

気分やテンションにムラがあり、ちょっとしたきっかけでいきなり気分が変わってしまうことも珍しくありません。

権威や権力など、ハクが付くものを好む傾向があり、一方で権威に弱いという一面があります。

ビジネス上でも、エビデンスや理論より、感性で物事を決める傾向があります。かわりに思い切りが良く、決断が早いという長所があります。

要点をまとめるのがうまく、ポイントを押さえて要領よく、素早く必要な書類を用意することができます。

ただし、約束を忘れたり、早合点や勘違いが多いという人も少なくありません。また、自分の感性でわかることは他人もわかっているだろうと考えているためか、言葉足らず、説明足らずになる場合もあります。

細かい指示をせず、大まかな方針と期日だけ伝えて自由にやらせるのが一番

「天才」タイプには、とにかく長い話は禁物です。**ものを教えるときは説明よりも、実物や図表で理解させる方が効果的です。**特に、**技術的なことは模範を見せるのが一番です。**

自由な環境の中で力を発揮するタイプなので、細かい指示はせず、大まかな方針と期日だけ伝えて自由にやらせることで能力を発揮できます。

決めつけや押しつけは効果がないどころか、モチベーションを大きく損なうので避けましょう。枠にはめようとしたり、反復練習を強制しても良くなることはありません。

ほめるときは、自分に自信があり、プライドが高いので、そこをうまくくすぐるのがポイント。良いところはオーバー気味にほめると、意外に喜びます。ノリよく喜びを分かち

合うのも良いでしょう。

また、権威に弱いところがあるので、「客先の偉い人が君をほめていたよ」「社長が君のアイデアをほめていたよ」などといった**「第三者ほめ」**が効果が高いことがあります。

興味があれば放っておいても勝手に情報収集し、自分で成長していくため、ある意味扱いやすいですが、興味のないことはしたがらないため、制御が難しいという側面も。また、プライドが高いことの裏返しで、失敗すると大きく落ち込むことがあるので、成長させたいときには、失敗させないように陰のフォロー、補助をするくらいの気持ちでやりましょう。

「天才」タイプの取り扱い説明書

- 直感で動く、面倒くさがり屋
- ×長い説明、○模範・例示を見せて理解させる
- プライドが高いので「第三者ほめ」も有効

ほめが効きにくい
3つの反応が出てきたときは

「ほめちぎる教習所」をはじめてから、社内で「ほめる」に関するワークショップや研究会を開く機会が多くなったのですが、その中で頻繁に上がってくる問題として、**ほめにくい相手やほめが効きにくい相手をどうするか、というものがあります。**

中でも頻繁に見られる「ほめが効きにくい相手」の3つの反応について、その傾向と対策を説明します。

リアクションがない、無反応な人

とにかくリアクションが薄く、ほめようが叱ろうが表情も変えずに「はい」「ええ」くらいしか返してこないタイプです。

話を聞いていないわけではなく、聞く気がないわけでもないのですが、一生懸命話しかけても視線をこちらに向けることもせず、まるで返事をしない人もいます。教習所では「このタイプが一番困る」と言う指導員が多いようです。

【対策】

口下手・話し下手が原因であったり、軽い対人恐怖がある、人見知りが強い、単に緊張しているだけなど、原因は人によってさまざまです。

しかし、**原因がなんであれ、本人はちゃんと話を聞いていることが多いのです。**

反応がなくても気にせず、話しかけ続けるのが良いでしょう。ほめられることに慣れていない場合もあるので、できているところを言葉に出してちゃんとほめ続けてください。

反応がないようでいて、口元が曲がる、眉根を寄せるなどというごく小さな変化が表れる人も多いので、そういう徴候を見つけたら「お、笑ったね。そうやって態度に出してくれるとうれしいよ」と言葉をかけておくと良いです。

また、簡単に答えられる質問をするのも効果的。

「はい・いいえ」で答えられる質問からはじめて、多少なりと反応が出るようになったら

1～2単語で答えられる質問を織り交ぜていきます。

質問に答えた後「それはなぜ？」を答えさせるのも有効です。

「話す」ことへのハードルを下げていくと、以降のコミュニケーションがしやすくなります。

信じてくれない、ひねくれ者

こちらの言ったことを素直に受け止めず、ほめても「何か裏があるのでは」「おだてて何かをさせる気なのでは」と勘ぐるタイプです。

高齢の方に多いのですが、こちらの言ったことを過度に謙遜して受け止めない人も、このタイプに含まれます。

【対策】

そもそも人の言葉を信用していない人もいますが、多くはほめられるのに慣れていなかったり、照れているだけの場合が多いです。

このタイプの人は、**ほめ言葉そのものに拒否反応を示すことも多いので、過剰なほめ方やおだてのような言葉は禁物です。**

プライドが高いことの裏返しであることが多いので、**ほめるというより「認める」言葉を使うのが良いでしょう。**

「さすがですね」「お手本のようですね」「見習いたいです」など、相手の技量や知識そのものを認めるほめ方が有効です。

改善点などを伝える際にも、一度このほめ方で相手を認めた上で「あとはここを改善してもらえると完璧です」などと伝えると良いでしょう。

イヤイヤ、投げやりな態度

モチベーションが低く、イヤイヤやっているのが見ていてわかるタイプです。

やらないといけないのはわかっているが、やりたくないのが態度に出てしまっている、という、自発的にやりたいと思っていない人に多く見られます。「はいはい、やればいいんでしょ」といった投げやりな態度をとる人もここに含まれます。

【対策】

無気力になっている人は、うまくできない、人より遅れているなどの理由から、イライラ感がつのって投げやりになっていることが多いようです。

そういう人であれば、まずは「頑張ってるね」「しっかり続けてるね」など、たとえイヤイヤでも続けている意欲をほめるのが良いでしょう。

同時に、できていることをなるべく具体的にほめます。

うまくいっていないことが投げやりになっている原因なのですから、うまくできている部分や、成長している部分を具体的に指摘することで、モチベーションを回復できます。

特に成長を指摘したいときは、過去からどれくらい成長しているかを伝える**「過去ほめ」**が有効です。

単純だけど大切な、ほめの下地作り

「『ほめる』をうまくできるようにする方法はありませんか？」

講演会などで「ほめる」の効能を話した後に、必ず聞かれる質問です。

本書に書かれた内容に「うまくやるコツ」は十分に含まれていますが、ここでは実際に私が実行したり、人にコンサルテーションして効果が高いと感じた方法を厳選してお伝えします。

「ほめる」方法ではなく、ほめが効くようになるための信頼関係を作るための方法です。誰にでも、すぐにはじめられるものばかりです。ぜひチャレンジしてみてください。

あいさつを交わす

あいさつをしない、もしくは、あいさつをする相手を見もせずに、口だけでもごもごと

「おはよう」と言う人がいます。これは非常にもったいない。

あいさつは、お互い自然に接点が得られる貴重なチャンスです。

本編でも書かれているように、「ほめる」はお互いの信頼関係の上に成り立つものです。信頼関係のないところでほめても相手には伝わりませんし、ともすれば「おだて」「ごますり」のように取られてしまうことにもなりかねません。

まずはあいさつから信頼関係作りをはじめましょう。

ポイントとしては、あいさつの際には相手の目を2秒見て、必ずポジティブな言葉をつけ加えるようにします。

女性に向かって「今日もキレイだね」などと言ってしまうと昨今ではセクハラ扱いされることにもなりかねませんが、「今日も元気そうだね」「昨日は手伝ってくれてありがとう」とか、「そのネクタイ、いい色だね」「その靴カッコいいね」といったシンプルな話題で十分です。

大切なのはあいさつだけでなく、目を2秒見て会話を交わすこと。特別な話をする必要はありません。たったこれだけのことですが、しばらく続けていると親しみやすさが違ってきます。

笑顔を練習する

私の友人に「日本一の美容師」がいます。テレビのコンテストで2連覇したり、世界的な大会で入賞したりと高い技術を持った美容師さんなのですが、美容室の店主としてもすばらしいプロ意識を持っており、接客の面でもすばらしいプロフェッショナリズムを発揮する人です。

その彼女から教わった話なのですが、**彼女は自分の美容室の開店前に、必ず働いている人みんなで笑顔の練習をしているのだそうです。**

美容室というのは、お客様に髪のセットを楽しんでもらうところです。

そのお客様に、店に入った瞬間から楽しいと思ってもらうために、店員みんなで明るいあいさつをしています。彼女はこう言っていました。

「いいあいさつってうれしいですよね。あいさつの声って、お客様に届くスピードは音速。でも、笑顔は光の速さで届くんです。だから、うちの店ではみんなで笑顔の練習をしてるんです」

彼女のもうひとつすごい点は、単に笑顔で接客を、というだけでなく、ちゃんと仕事に来る前に練習しようと考えるところにあると思います。

「歌でも踊りでも、プロがステージに立つ前は必ずリハーサルをするでしょ？

私たちも接客のプロだから、笑顔のリハーサルをしないと」

笑顔を作るのが苦手、という方も少なくないと思いますが、**表情筋の鍛え方・使い方の問題ですので、練習すれば笑顔は誰でもより素敵になります。**興味のある人は、ハリウッドの映画スターたちが「最もキレイな笑顔」としている〝ハリウッドスマイル〟をまねして練習するとよいでしょう。

ほめるときの良い笑顔の効果は絶大です。**また、笑顔そのものが心に良い影響を与えるということが科学的に証明されています。**

心理学者フリッツ・シュトラックは、学生にエンピツをくわえてもらいながらマンガを読んでもらいました。

このとき、ある群では横向き（ちょうど笑顔のように唇が引きのばされます）に、またある群では縦向き（不満げにな顔つきになります）にくわえてもらいました。

結果、横向きにくわえていた群の方が、マンガをより「おもしろい」と評価したそうです。

この実験は、私たちの脳は、たとえエンピツをくわえたことでできた作り笑いであっても、「今は楽しいんだ」と錯覚してくれることを示しました。

笑顔は浮かべているだけで人を楽しくさせるのです。

命令しない、お願いする

これは私の仕事の中で、絶対にこうすると決めていることなのですが、**部下でも後輩でも、決して命令はしない**と心に決めています。事実、今の会社を興して以来、一度も命令をしたことはありません。

私は、仕事の関わりだけでなく、すべての人間に敬意をもって接したいと思っています。命令する、というのは上司・先輩であるという「権威」によるものです。そこには相手への敬意はありませんし、何よりそうやって威張っていること自体が自分の力ですらない、他人の威を借りているだけなのです。

命令された方も、頭ごなしに「やれ」と言われて楽しいはずがありません。「命令されたのだから言われたとおりにやろう」と思考が停止すれば、よりよく改善できるアイデアを思いつくことも少なくなるでしょう。

では、命令せずにどう仕事をしてもらえばいいのか。

私はかわりに「お願い」をします。

「この仕事をしなさい」ではなく、「この仕事、やってもらえるかな？」。

こう言い換えるだけで、ずいぶん感じが柔らかくなります。なぜなら、こう言い換えることで「仕事をする・しない」の選択権が相手に移るからなんですね。

そもそも、上司や先輩に「お願い」されて、事情もなく断る人はいないでしょう。命令でもお願いでも同じようにやってもらえるなら、相手に気分よく仕事をしてもらえる「お願い」の方が良いのではないでしょうか。

もうひとつ、「お願い」にすることのメリットに、**「相手がより仕事への責任感を感じてくれる」**ということがあります。「お願い」したときに、するかしないかの選択権は相手に移ります。相手はそこで「やります」「引き受けます」といってから仕事にかかるわけです。頭ごなしに命じられていやいややるよりずっと自主性が出ますし、「自分の仕事」ですから、より良くするために知恵を絞ることもいとわないでしょう。

何より、「仕事を任せる」というあなたの意志と態度が、相手との関係を強固にしてくれます。「仕事を任せる」ということは、「この仕事ができるくらいの能力がある」と認めていることだからです。

ほめる＝相手を認めること。

「仕事を任せる」ことそのものが「ほめる」ことなのです。

そして、仕事が終わったなら、そこで更にほめるチャンスが生まれます。

「お願い」は、ほめるにとって一石二鳥にも三鳥にもなる行動なんですね。

すべての人は非常識で無知である

本書では**「うまくほめるためには自分の考え方を変える必要がある」**ということが繰り返し書かれていますが、私もそのとおりだと思います。

他人が何を考えているかなんてそうそうわかるはずもないし、人が自分の思いどおりに動いてくれるなんてことはまずないと思っています。

では、どんなふうに考え方を変えれば良いのでしょうか？

私はそのひとつに「地球のすべての人は非常識で無知」と考える、ということを挙げたいと思います。

人間は、知っていることより知らないことの方がずっと多い、ということは2000年以上前からソクラテスが言っています。誰しもが無知であり、その範囲が違うだけです。

今もそれは変わりません。

わずかな知識の量を誇り、他人と比較してみても、たいした意味などないのです。

ただ、人によって知っていることの範囲は違います。Jリーグに詳しい人もいれば、将棋に詳しい人もいるでしょう。

人が生きてきた中で、知識の量や質が違うのはごく当たり前のことですし、それがわかれば、自分にない知識や経験を持つ人に敬意を持てるようになります。


常識にしても同じです。

あなたは、「そんなこと、常識でしょ」とイライラすることはありませんか？

でも「常識」とひと口に言ってみてもその内容は千差万別、人の数と同じだけの常識が存在します。

常識はその人が生きてきた中で積み上げ、組み立ててきたものであって、自分の常識の範囲内にない言動をする人がいることは、そう珍しいことではないのです。


こう考えることができるようになると、「そうか、そういう考え方もあるのか」と何事に対してもおもしろがることができるようになります。おもしろがれるということは、ポジティブな気持ちで興味を向けられるということですから、「ほめる」にはとても良い状態だと言えます。

他人を変えるのは難しいことですが、自分を変えるのは今すぐにでもできます。人の言動にイライラしやすい人は、ぜひ一度試してみてください。

巻末特典

「ほめちぎる教習所」イチオシのほめ方⑩選

「ほめちぎる教習所」こと南部自動車学校では、定期的に行うワークショップやミーティングで、「ほめる」がうまくいった事例や失敗した事例をケースレポートにしたり、似た事例を集めて研修用のテキストにしたりしています。

当コラムでは、そうした現場の取り組みの中で見つかった、実際に効果のあったほめ方を集めてみました。

01 すぐほめ

第3章でも触れていますが、**最高にして最良のほめ方が「すぐほめ」です。**

「良いことがあったらその場ですぐにほめる」

これこそが基本にしてベストのほめ方です。ある意味、「漫才のツッコミ」に似ていると言えます。ツッコミは間やテンポが大切で、タイミングを逃したらおもしろくなくなってしまいます。ほめるも同じ。ほめる瞬間を逃さず言葉にできれば、効果は抜群になります。

その成功がまぐれでうまくいったような場合でもよいのです。**本当は「たまたまうまくいった」であっても、その瞬間にほめられることで、それは「まぐれ当たり」から成功体験となり、その人の自信になっていきます。**

「いいな」と思うことがあったらまずは「ほめの3S」。「すごい」「さすが」「すばらしい」と声に出しておきましょう。具体的にほめ言葉を考えるのはそれからでも大丈夫。あなたの脳は必ず良い言葉を思いつきます。

02 最初ほめ

第一印象はその後の人間関係に大きく影響すると言われています。見た目の第一印象が良いだけで、「性格が良さそう」とか「仕事ができそう」など、わからないはずの内面まで判断してしまうこともあるでしょう。

これは心理学ではハロー効果と言われています。初めて会ったときの印象が良ければ、全体的にポジティブに評価されやすくなる（逆に、印象が悪ければネガティブに評価される）ということです。

職場やビジネスシーンでも、積極的に活用していきましょう。

「最初ほめ」とは、その名のとおり最初にほめて良い人間関係を作ることです。

教習所では「名字をほめる（有名人と同じだね）」「名前をほめる（いい名前だね、どんな意味なの？）」「笑顔をほめる」「持ち物をほめる（アクセサリーの趣味、服装のセンス）」「所属をほめる（学校、会社）」など、**誰に対しても使える〝ネタ〟**を共有しています。

やる気はほめられた量に比例します。その意味でも、最初に会った瞬間からほめて、相手のやる気を引き出してください。

03 原因ほめ

他人の失敗に対しては、深く考えずに「もう失敗するな」などと言ってしまいがちですが、相手の成長を考えるなら、ここは抑えて「なぜ失敗したのか」「失敗の理由を理解しているか」を確認してください。

「どうしてうまくいかないのだろう？」

その原因がわかっているのと、わかっていないのでは、あとあとの成長ぶりが大きく変わってきます。

そして、**理解しているなら、そのことをほめましょう。**

原因がわかっているなら、あとはトライ&エラーを繰り返していれば必ずできるようになります。大切なのは、続ける意思を折らないこと、もう一度挑戦しようとする心を持てるようにすることです。

理解していないなら「どうして失敗したと思う？」と促して、理由が理解できたらそこでほめます。面倒に思うかもしれませんが、これを繰り返すことで、失敗したときにその原因を考える習慣が身につき、失敗しても自主的に取り戻せる人材に成長できます。

なお、失敗ばかりに注目しがちですが、じつは成功についても同じことが言えます。「うまくいったんだからこれでいいや」ではなく、「なぜうまくいったのだろう？」と考察することは、更なる改善や成長へとつながります。

成功でも失敗でも「ほめる」ことは、成長への原動力となりうるのです。

04 拡大ほめ

大成功や「ものすごく良かったこと」を待って、そのときが来たら、しっかりと大きくほめよう、などと考えていませんか？

残念ですが、そんな機会はめったに訪れるものではありません。

大きな機会を待つのではなく、小さなことに目をつけてください。

コピーをきれいにとってもらったとか、寒い日に温かいお茶を入れてもらったとか、そんなちょっとしたことでいいのです。

そして、ほめるときには「いつもありがとう。きれいにそろえてくれるから、安心してお願いできるよ」「気が利くね、寒くて風邪をひきそうだったんだ。明日大事な商談があるからありがたいよ」など、**その人がしてくれた小さなことが、大きな結果につながっていくんだということをつけ加えます。**

こうしてほめられると、相手は、自分の何気なくしていた細かい気遣いや親切がちゃんと汲《く》み取られていることを感じ、続けるモチベーションにつながります。

拡大ほめは「実際にしてくれたこと」と「それが引き起こす大きなこと」をセットにするほめ方です。この「実際にしてくれたこと」、事実が言葉に説得力を与えてくれるのです。

見つけた事実が小さいほど、強い印象を与えるほめ方です。

05 比較ほめ

ほかと比較してほめることで、今の成長や成功をさらにはっきりと際立たせることができます。

「普通はなかなかできないよ」「並じゃないね」などの言葉で一般と比較してほめる。こうすることで、ほめる気持ちを強調することができます。

ただし、気をつけなければならないのは、身近な人と比較しないこと。

同期の○○君よりよくできた、と言われれば悪い気はしないかもしれませんが、相手が○○君と親しければ陰口のように取られてしまうかもしれません。親しくなかったとしても、後々いさかいの種になることも考えられます。

比較するなら世間一般と。「普通なら」「今年の新入社員の中では」「初心者としては」などのくくりを相手に比較しましょう。

ちなみに、唯一比べていい個人として、今話をしているあなたとであれば、比較してもかまいません。

「私はもっとヘタでしたよ」「私にはとてもまねできません」

自分の過去の失敗や弱みを開示することで親しみを感じさせるこの話し方は、心理学では「自己開示」と呼ばれる手法です。

06 プロほめ

教習所で使われている、最上級のほめ言葉のひとつに**「お手本のような○○ですね」「もうプロレベルだね」**があります。

これも「比較ほめ」の一種なのですが、一般的なレベルからプロレベルまで比較対象を上げることで「プロと肩を並べられるレベルまで成長できた」とほめる言葉になります。

プロは、いつだって「憧れの対象」となるもの。

高い技術力、確かなパフォーマンス、熟達した情報量など、アマチュアとは一線を画しているのがプロです。

だからこそ、「○○のプロ」は、ほめ言葉として、とても効果的なのです。

また、指導者としての立場から「その考え方は私たちと一緒。もうプロ級だね」というほめ方も効果的です。「他の人にも教えてあげて」とつけ加えると、同期のレベルの底上げに自主的に協力してくれるかもしれません。

07 質問ほめ

相手の質問、意見をほめて、それを最大限に活かすのが「質問ほめ」です。

質問があるということは、そのことに興味を持っているということ。そのことをより深く知ろうとしているということです。

「意欲を出すこと」自体が良いことだと伝えれば、率先して行うようになり、自発性やモチベーションにつながるのです。

「いい質問ですね」「いいところに気がつきましたね」といった言葉や、あなたが指導者的な立場であれば、相手の意見を「いいところに目をつけましたね」「私もそう思っていました」などとほめるのも効果的です。

08 第三者ほめ

本人に直接ほめられるよりも、第三者からほめられるほうが、より信憑性《しんぴょうせい》があるように感じられる。

直接の話よりも、うわさ話の方を、より真実味があるように受け取ってしまう。心理学用語で、こうした心理効果を「ウィンザー効果」と言います。

ほめるときに、〝第三者の意見〟をプラスすることで、さらに「ほめ」の威力を高めることができます。

「最近頑張ってるな」だけでなく「課長も感心してたぞ」とか、「同期の○○もすごいって言ってたぞ」などとつけ加えてみましょう。また、まったく関係のないときに「そういえば、この前の件を部長が感心してたぞ」などとほめてみるのも効果的です。

ひとりでなく複数からほめられているように感じられるのも第三者ほめのよい点です。

ほめられた側は「第三者」にも好意を感じるので、人間関係の強化にも役立ちます。

もちろん、第三者ほめが嘘にならないように、ふだんからほめたい相手の話を周りの人と共有しておくことも忘れずに。

09 つぶやきほめ

「ほめる」というと面と向かって「いいね！」と言わなければいけないように思いがちですが、**あえて抑えた言い方で相手に伝える、というテクニックもあります。**

いつもなら「すごいですね」と伝えるシチュエーションで、あえて相手に聞こえるか否かという声量で「さすが、すごいな……」「なるほど、そんな手があったか……」などとつぶやきます。

直接ほめる言葉より、おどろきに思わず漏れた言葉というのは、よりいっそう真実味があります。言うつもりはなかったけれど、あまりに良かったので、ついつい言ってしまった。それがポイントです。

つぶやきとは、本心が漏れるもの。

だからこそ、説得力が増すのです。

10 ほめきり

指導員の中には「教習の最後は必ずほめて終わる」と決めている人が多くいます。その日の教習がうまくいっていなくても、最後によかったところを伝え、ポジティブなイメージを残して次につなげるためです。

これに関連して、「ほめきる」ということも大切です。「ほめっぱなし」ではいけません。ほめると、相手は気持ちよくなって、モチベーションが上がります。

ただ、ほめることの目的は「モチベーションを上げること」ではありません。あくまで、次につながる「行動を起こしてもらうこと」です。行動につながらずに、「自分はもうできるのだ」という慢心につながるようなほめ方は「ほめっぱなし」であり、相手のためになりません。

「すごい」「さすが」「すばらしい」とほめっぱなしにするのではなく、「すごい」で上がったモチベーションを何に使うのか、そのあたりまで伝えてあげてください。

「もっと勉強してほしい」と思っているのなら、「すごい、よく勉強しているね。わかることもすばらしいけど、しっかり勉強を続けていることが本当にすばらしい」といった具合に「継続」を念頭に置いてもらうようにするとよいでしょう。

ただひたすらほめるだけでなく、その目的を考えながら「仲良くなる」「うまくなって欲しい」「やる気を出して欲しい」など、着地点を決めながらほめることができると、指導者として一流のほめ力が身についていると言えるでしょう。

指導者にとっては、成長してもらうことがゴール。「ほめる」はそのためのツールであり、通過点なのです。

あとがき　〜加藤光一〜

先にも述べたように、自動車学校という業界は、今後顧客が減ることが確実な業界です。このことはずいぶん前からわかっていましたから、私は父から南部自動車学校の経営を継いだときから、何とか学校をより良いものにしよう、生徒たちに喜ばれるものにしようと、さまざまな経営改革に取り組んできました。

例えば社員同士の交流を増やそうとした「クラブ活動」や、ほかの先生の教習を学べるようにチーム制で教習をするなど、「ほめる」以外にも、毎年ひとつは、何かしらの改革を取り入れてきたのです。

いつも改革に成功しているかというと、決してそんなことはありません。はじめてはみたものの、半年もせずに自然消滅してしまった改革もあります。そんなたくさんのトライ&エラーから生まれた大きな成功が、「ほめる」だったのです。担任制や、スマイルチェッカーの導入など、段階を追って実施できたことも、確実に組織を変えてくれました。

実は指導者側にも、生徒たちからの「ほめる」がフィードバックされるシステムになっています。生徒たちの卒業アンケートがタイムリーに私のケータイに入るようになっています。その数は年間に2500を超えますが、生徒の「感想・評価」がどんどんやってきます。

生徒から特に良い評価があった先生には、夜のうちに私からメールで、その生徒の感想とともに指導者に「グッド!」と戻しています。残念ながら、まれに悪い評価もありますが、そのときも「もっと頑張ろう!」と戻します。

その日のうち、というのがポイントで、ここでも「すぐほめ」を実践しているわけです。生徒も先生も「ほめあう環境」にすることは、双方にとって大きな励みになっているようです。

教習所は叱る場所のイメージが強いだけに、「それまで叱って指導していた先生方を、ほめる指導に切り替えさせるためには、かなり苦労したのではないですか?」というご質問もいただきます。

ところが実際は、叱ることが得意だった人もどんどん変化し、思った以上にすんなりほめることができるようになりました。第1章でも書いていますが、苦労するどころか、予定よりも「ほめる教習」の導入を早めたくらいです。ベテランから若手まで、年齢やキャラクターに関係なく、すべての先生に変化が起きました。

私はこれこそが、ほめる力なのだと思います。


あなたは「照れくさい」とか「ガラでもない」といった言葉で自分にブレーキをかけていませんか？　それは、ほめても受け入れてもらえないことを、恐れているのかもしれません。

でも、ほめてみれば、必ず効果は表れます。


「ほめる」教習は生徒たちだけでなく、指導員や職員、その家族にまで、思わぬところで大きな利益をもたらしてくれました。

また、研修や講演を通じて、これまで接点のなかった他業種の方々と意見を交わすことができるようになり、本書を書くきっかけにもなってくれました。

生徒を伸ばすためにはじめた「ほめる」が、思わぬ形で恩返しをしてくれたことに今も驚いています。

本書では、具体的にほめることができるようになるために、どのようなほめ方をすれば良いのか、どんな言葉を選ぶのかといった、テクニカルな面についても丁寧に記述しています。そして、それ以上に、ほめることの意味について詳しく記述しました。

ぜひあなたも、「ほめる」をはじめてみてください。

「ほめる」は人を幸せにします。

ほめられた人と、そして何より、ほめたあなたを。

あとがき　〜坪田信貴〜

本書は「ほめちぎる教習所」として有名になった南部自動車学校がどのようにして「ほめる」を導入したか、また、どうすれば「ほめる」ことができるようになるかを丁寧に解説しています。

私は以前、『学年ビリのギャルが1年で偏差値を40上げて慶應大学に現役合格した話』という本を書きました。こちらの主人公、さやかちゃんの指導も、本書で紹介されている「ほめる」に非常に近いもので、読んでいてとてもシンパシーを感じました。

特に重要だと思っているのは、「ほめる」と呼んではいるけれど、実際には「ほめる」言葉が重要なのではなく、信頼関係を作り上げたうえで、相手を尊重して話すことが重要なのだ、という点です。極論すれば、信頼関係と相手の尊重ができているなら、ほめ言葉でも叱り言葉でも同じように機能するでしょう。

ただ、その2つを成し遂げるために、「ほめる」は非常に有効であると考えています。

こうした「ほめる」の障害になる意識のひとつとして、「自分は相手のことをわかっている」という誤解があります。

教育熱心な親御さんや、面倒見の良い兄貴肌タイプの先輩・上司によく見られるのですが、「自分は相手の考え方や行動パターンがわかっていて、十分な信頼関係ができています」という人ですね。

もしあなたがそう考えているなら、相手の人といっしょにテストしてみてください。

相手には紙に「私は●●です」（●●には「会社員」とか「2児の父」などという言葉が入ります）と20個書いてもらいます。

あなたは相手の人が書くであろうことを想像して20個書いてみてください。

完成したところで、お互いの紙を見せ合ってみましょう。

相手のことが本当に理解できているなら、20個すべてが一致するはずですね。

しかし、おそらく2つか3つ合っているのがせいぜいで、ひとつも合っていない、という人も少なくないのではないでしょうか。

私の講演会でこの話を聞いて、自分の娘さんで試してみようと考えたお母さんがいらっしゃいました。

「私は娘のことをよく見てますし、常に気にかけています」と思っていたとSNSを通じて教えてくれました。

お母さんは娘さんが「私は中学生だ」「私は部活が好きだ」などと書くであろうと予想して、早々に20個を書き終えました。

しかし、答え合わせをしてみると、娘さんは「私は最近便秘気味だ」「私は便秘解消のために野菜を食べている」など、便秘関連の話が5つも6つも書いてあり、結果としてひとつも一致していなかったそうです。

それを見たお母さんはさすがにショックを受けたようで、「娘のことをわかっているつもりでしたが、ちっともわかっていないことがわかりました。今日から娘には食物繊維を取らせます」と小咄《こばなし》みたいな見事なオチまでつけてくれました。

このお母さんのように、非常に近しい位置で、長い時間相手を観察していたとしても、相手のことを理解できていないというのはごく普通のことなのです。

では、相手を理解することはできないのでしょうか？

決してそんなことはありません。ただ、それには信頼関係と、相手の尊重が必要だ、ということなんだと思います。

特に、相手を尊重する心というのは、自分の立場が上だと思うほどに難しくなります。自分は親だから、上司だから、先輩だからと上から目線でいる限り、相手を叱りたくなったり、相手の事情を考えずに「こうした方がいい」と一方的なアドバイスを出したりしてしまうでしょう。それでは、なかなか信頼関係も構築しにくいのではないでしょうか。

本書には「ほめる」を通じて信頼関係を作るために必要な考え方や、「ほめる」の練習のやり方、どう考えれば信頼関係を作り、相手を尊重した物言いができるようになるか、さらにはどうすれば部下を成長させることができるかについて書かれています。

私がコンサルタントとして社会人の方に指導を行うときには、かならず「だまされたと思って3ヵ月やってみてください」と言っています。

この本についても同じことを言いましょう。

「だまされたと思って、3ヵ月ほめてみてください」

必ずよい結果が得られると確信しています。

ブックデザイン　小口翔平+喜來詩織+三森健太(tobufune)
カバーイラスト　長場雄
図版　ももせあいこ
DTP　東京カラーフォト・プロセス株式会社
編集　間有希
編集協力　石川雄一郎

〈著者〉**加藤光一** かとう・こういち

南部自動車学校代表。少子化、車離れで生徒数が減っていくことに悩み、実習プログラムの改変を決意。ほめると、モチベーションがあがり、結果がよくなることを実感した経験から、教員に「ほめ達検定」を受けさせ2013年2月「ほめちぎる教習」を実施したところ、大評判に。この少子化、車離れ時代に生徒数を3割増・事故者率減少という目覚しい効果を上げる。現在では全国の教習所をはじめ、一流企業やPTA、大学などからも視察が訪れ、南部自動車学校は「一般社団法人 日本ほめる達人協会 三重支部」としても活動している。

〈監修〉**坪田信貴** つぼた・のぶたか

坪田塾、塾長。これまでに1300人以上の子どもたちを個別指導し、心理学を駆使した学習法により、多くの生徒の偏差値を短期間で急激に上げることで定評がある。経営者として、全国の様々な上場企業の社員研修や講演会に呼ばれ、15万人以上が参加している。著書『学年ビリのギャルが1年で偏差値を40上げて慶應大学に現役合格した話』が120万部のミリオンセラーに。近著の『人間は9タイプ』も累計10万部を突破。第49回新風賞受賞。

「ほめちぎる教習所《きょうしゅうじょ》」のやる気《き》の育《そだ》て方《かた》

2018年1月18日　初版発行
2018年8月５日　３版発行

著者　加藤《かとう》 光一《こういち》
監修　坪田《つぼた》 信貴《のぶたか》
発行者　川金 正法
発行　株式会社KADOKAWA
〒102-8177 東京都千代田区富士見2-13-3
電話 0570-002-301(ナビダイヤル)
印刷所　図書印刷株式会社

KADOKAWA カスタマーサポート
[電話]0570-002-301 (土日祝日を除く11時～17時)
[WEB]http://www.kadokawa.co.jp/ (「お問い合わせ」へお進みください)
※製造不良品につきましては上記窓口にて承ります。
※記述・収録内容を超えるご質問にはお答えできない場合があります。
※サポートは日本国内に限らせていただきます。

定価はカバーに表示してあります。

Printed in Japan
ISBN978-4-04-896107-3 C0030